教育部高等学校电子信息类专业教学指导委员会规划教材
高等学校电子信息类专业系列教材

电磁场与微波技术测量

李莉 赵同刚 张洪欣 编著

清华大学出版社
北京

内 容 简 介

本书系统地论述了电磁场、微波技术和天线的测量设备、测量方法、测量理论及具体的测量实验项目。全书共分为5章，分别介绍了电磁场与微波技术的基本理论、常用测量仪表的使用和基本常识、微波传播特性的测量、微波工程参数特性测量实验和微波收发系统的测量。具体内容包括基础测量实验、设计与综合性实验、综合创新性实验。其中，基础测量实验包括电磁波反射和折射实验、单缝衍射实验、双缝干涉实验、迈克尔逊干涉实验、极化实验、圆极化波的产生与检测、圆极化波左旋/右旋实验、布拉格衍射实验、微波测量系统的使用和信号源波长功率的测量、波导波长的测量、微波驻波比的测量、频谱仪和矢量网络分析仪对微波器件的测量。设计性与综合性实验包括阻抗匹配技术软件仿真、阻抗测量及匹配技术、用谐振腔微扰法测量介电常数和微波收发机的系统调测。创新性实验包括无线信号场强特性的研究、天线的特性和测量等内容。

本书适合作为普通高等院校电子信息类专业“电磁场与电磁波”和“微波技术与天线”等相关课程的实验教材，也可供相关工程技术人员参考。

图书在版编目（CIP）数据

电磁场与微波技术测量/李莉，赵同刚，张洪欣编著. -- 北京：清华大学出版社，2025.5. --（高等学校电子信息类专业系列教材）. -- ISBN 978-7-302-68874-7

Ⅰ. O441.4;TN015

中国国家版本馆CIP数据核字第20257KS195号

责任编辑：曾　珊
封面设计：李召霞
责任校对：王勤勤
责任印制：杨　艳

出版发行：清华大学出版社
网　　址：https://www.tup.com.cn，https://www.wqxuetang.com
地　　址：北京清华大学学研大厦A座　　**邮　　编**：100084
社 总 机：010-83470000　　**邮　　购**：010-62786544
投稿与读者服务：010-62776969，c-service@tup.tsinghua.edu.cn
质量反馈：010-62772015，zhiliang@tup.tsinghua.edu.cn
课件下载：https://www.tup.com.cn，010-83470236
印 装 者：三河市君旺印务有限公司
经　　销：全国新华书店
开　　本：185mm×260mm　　**印　张**：9.5　　**字　　数**：233千字
版　　次：2025年5月第1版　　**印　　次**：2025年5月第1次印刷
印　　数：1～1000
定　　价：69.00元

产品编号：111384-01

前言

PREFACE

著名科学家门捷列夫曾经说过："没有测量就没有科学。"这句话充分概括了现代测量手段、测试技术在现代科学发展中的重要地位。

"电磁场与电磁波"以及"微波工程"是工科电子信息类专业重要的专业基础课。该类课程核心概念、基本理论和分析方法具有抽象、理论性强的特点。所以，在学习此类课程时，如果能结合必要的实验，会使抽象的概念和理论形象化、具体化，对学生加深理解和深入掌握基本理论和分析方法，培养学生分析问题和解决问题、设计实验方案的能力，增强学生学习本门课程兴趣等方面，具有极大的好处。

本实验课程是一门涵盖电磁场与电磁波基础理论验证、微波工程设计、微波传播测量等内容的一门重要实验课程。旨在通过该实验课程的学习，学生可以验证所学的电磁场与电磁波的抽象理论，加深学生对所学的电磁场与电磁波、微波和天线理论的理解，在实验环节中了解典型微波测量仪器、仪表的使用方法，掌握场与波的相关测量方法和手段，培养通过检测和测量手段来解决电磁场与电磁波实际问题的能力。通过这门课程实践，同学们结合理论，可以提高自身的理论水平和动手能力，科研水平将进一步提升，为继续深造和就业都将打下一个坚实的基础。

现在微波、无线通信、射频电路设计、天线技术发展非常快，本书安排的实验教学力求内容的完整性和系统性，能够体现经典实验与现代实验的结合，又能协调基础性与前沿性、理论性与实践性的统一。本实验课程虽是完全的实验课，但在每次课前，都采取理论教学与实验教学相结合的方式，首先回顾理论知识，然后进行实验，要求学生实验中能自主做到理论和实践结合，能通过理论知识来正确指导自己的实验过程，对在实验中遇到的一些问题，也能运用理论知识以求自主解决。

本书由北京邮电大学电子工程学院姚远教授、亓丽梅教授和西北工业大学电子信息学院李建瀛教授审阅，在此表示衷心的感谢；本书基于北京邮电大学"电磁场实验"多年教学经验的基础上编写而成，在此感谢课程组教师、北京邮电大学电子工程学院和电子实验中心对编者的支持；同时，编者借鉴了相关参考文献，在此对参考文献的作者表示感谢。

由于编者水平及编写时间的限制，书中难免存在不足之处，殷切希望广大读者批评指正。

编　者

2025 年 3 月

目录

CONTENTS

第1章 基本理论

CHAPTER 1

1.1 电磁场与微波技术的发展

1.1.1 微波波段

波长为0.1mm～1m的电磁波称为微波，其对应的频率范围在300MHz～3000GHz，此波段称为微波波段。

微波波段可分为分米波段（频率为300～3000MHz）、厘米波段（频率为3～30GHz）、毫米波段（频率为30～300GHz）、亚毫米波段（300～3000GHz）。

在雷达、通信及微波技术领域，常用英文字母来表示微波波段，如表1-1所示。

表1-1 常用的微波波段代号、波长及频率的关系表

波段代号	标称波长/cm	频率范围/GHz	波长范围/cm
L	22	1～2	30～15
S	10	2～4	15～7.5
C	5	4～8	7.5～3.75
X	3	8～12	3.75～2.5
Ku	2	12～18	2.5～1.67
K	1.25	18～27	1.67～1.11
Ka	0.8	27～40	1.11～0.75
U	0.6	40～60	0.75～0.5
V	0.5	40～75	0.4～0.75
W	0.3	75～110	0.27～0.4

微波技术是近代发展起来的一门尖端科学技术，它在通信、原子能技术、空间技术、量子电子学以及农业生产等方面都有着广泛的应用。我国的许多重大工程都应用于微波波段。例如，500m口径球面射电望远镜（Five-hundred-meter Aperture Spherical radio Telescope，FAST）是目前全球最大的射电望远镜，可接收微波频段的电磁波；我国的北斗卫星导航系统和移动通信的工作频段也是微波波段。针对微波的研究方法和测试设备与低频无线电波有所不同。

1.1.2 微波的特点

由于频率较高，微波具有下述主要特点。

1. 频率高(波长短)

“长度”有绝对长度与相对长度两种概念。对于传输线的“长”或“短”，并不是以其绝对长度而是以其与波长比值的相对大小而论的，把比值 l/λ 称为传输线的相对长度。在微波领域，波长 λ 以厘米或毫米计。虽然传输线的长度有时只不过是几十厘米甚至几毫米，比如传输频率为 3GHz 的同轴电缆虽只有半米长，但它已是工作波长的 5 倍，故须把它称为“长线”；相反，输送市电的电力传输线(频率为 50Hz)即使长度为几千米，但与市电的波长(6000km)相比小得多，因此只能称为“短线”而不能称为“长线”。对应于低频率传输线，它在低频电路中只起连接线的作用，因频率低，其本身分布参数所引起的效应可以忽略不计，所以在低频电路中只考虑时间因子而忽略空间效应，把电路当作集总参数电路来处理是允许的。对应于微波传输线，因为频率很高时分布参数效应不能被忽视，传输线不能仅当作连接线，它将形成分布参数电路，参与整个电路的工作，因而传输线在电路中所引起的效应必须用传输线理论来研究。

微波频率很高时会明显地出现高频电流的趋肤效应、传输系统的辐射效应以及电路的延时效应(相位滞后)等，因此，在微波波段应重视分布参数的影响。

2. 穿透性

穿透性是指微波照射介质物体时，能深入该物质内部的特点，称之为微波穿透性。例如，地球大气外层由一层厚厚的电离层所包围，低频无线电波由于频率低，所以当它射向电离层时，无法穿过，微波的频率高(波长短)，可以穿透电离层。微波的穿透性得到了广泛应用。

微波能穿透云雾、雨、植被、积雪和地表层；微波能穿透生物体，所以成为医学透热疗法的重要手段；毫米波能穿透等离子体，是远程导弹和航天器重返大气层时实现通信和末端制导的重要手段。

3. 量子特性

根据量子理论，电磁辐射的能量不是连续的，而是由一个个的“光量子”所组成。单个量子的能量与其频率的关系为

$$e=hf \tag{1-1}$$

式中，h 为普朗克常数。

对于低频电磁波，量子能量很小，故量子特性不明显。微波波段的电磁波，单个量子的能量较大，而一般顺磁物质在外磁场中所产生的能级间的能量差额在 $10^{-6}\sim10^{-3}$eV，电子在这些能级跃迁时释放或吸收的量子的频率属于微波波段，例如，Cs 原子的跃迁频率为 9192631770Hz。因此，微波可用来研究分子和原子的精细结构。

4. 信息性

微波波段宽，可载的信息大，即使是很窄的相对带宽，其可用的频带也是很宽的。所以现代多路通信系统，包括卫星通信系统，大都是工作在微波波段。

5. 分析方法的独特性

微波波段建立了一套独特的分析方法——电磁场理论的场和波传输的分析方法；用新

的装置(如传输线、波导、谐振腔等)代替集总参数的电阻、电感、电容。研究微波系统中的电磁场,以波长、功率、驻波系数等作为基本测量参量。

描述电磁场的基本方程即麦克斯韦方程,其公式为

$$\left.\begin{aligned}&\nabla\times\boldsymbol{E}=-\frac{\partial\boldsymbol{B}}{\partial t},\quad \nabla\times\boldsymbol{H}=\boldsymbol{J}+\frac{\partial\boldsymbol{D}}{\partial t}\\&\nabla\cdot\boldsymbol{D}=\rho,\quad \nabla\cdot\boldsymbol{B}=0\end{aligned}\right\}\tag{1-2}$$

$$\boldsymbol{D}=\varepsilon\boldsymbol{E},\quad \boldsymbol{B}=\mu\boldsymbol{H},\quad \boldsymbol{J}=\gamma\boldsymbol{E}\tag{1-3}$$

对于空气和理想导体的分界面,由麦克斯韦方程可以得到边界条件(左侧均为空气中场量)为

$$\left.\begin{aligned}&E_{\mathrm{t}}=0,\quad E_{\mathrm{n}}=\frac{\rho}{\varepsilon_0}\\&H_{\mathrm{t}}=J_s,\quad H_{\mathrm{n}}=0\end{aligned}\right\}\tag{1-4}$$

1.2　传输线基本理论

当信号的频率比较高,信号波长可以与电路尺寸相比拟时所设计的电路称为射频电路。但是,射频电路中信号分析与低频电路信号分析有着很大的不同。适用于低频电路的基尔霍夫电路理论已经不再适用于射频电路。射频电路理论是低频电子学原理与电磁场数理函数分析模式的结合。由于传输线理论和射频网络理论为射频电路设计提供了基本概念、参数和基本的研究方法,因此在射频电路设计中具有重要地位。

传输线理论本质上是分布参数电路理论,它将基本电路理论与电磁场理论有机地联系在一起。与低频电路完全不同,当工作频率不断升高,信号波长不断减小并且信号波长可以与电路几何尺寸相比拟时,传输线上的电流与电压呈现出波动特性,电流与电压会随着空间位置的变化而发生变化。传输线理论就是用来分析这种变化特性。

在微波波段,常用的微波传输线有平行双线、同轴线、带状线、微带线、金属波导管及介质波导等多种形式的传输线。按其上传播的导行波的特征可分为三大类。

(1) TEM 波传输线。如平行双导线、同轴线以及微带传输线(包括带状线和微带)等。

(2) 波导传输线。如矩形波导、圆柱波导、椭圆波导及脊波导等。

(3) 表面波传输线。如介质波导、镜像线及单根线等。

传输线方程也是本书学习中常用到的理论模型。本课程实验用得最多的传输线是矩形波导管。

1.2.1　传输线等效电路

实际中,由于“趋肤效应”的存在而使得传输线的有效导电横截面积减小,导致分布在传输线上的电阻增大,传输线上单位长度的电阻为分布电阻;如果传输线两导体间存在漏电,即两者之间存在漏电导,单位长度的漏电导称为传输线的分布电导;由于传输线两个导体之间存在电压,从而形成高频电场,因此传输线两导体之间会有电容分布,单位长度的电容称为分布电容;高频电流流过传输线时会存在高频磁场,因此在传输线上便会有电感存在,单位长度的电感称为分布电感;根据以上分析可以得到传输线的一般等效电路如图 1-1 所示。

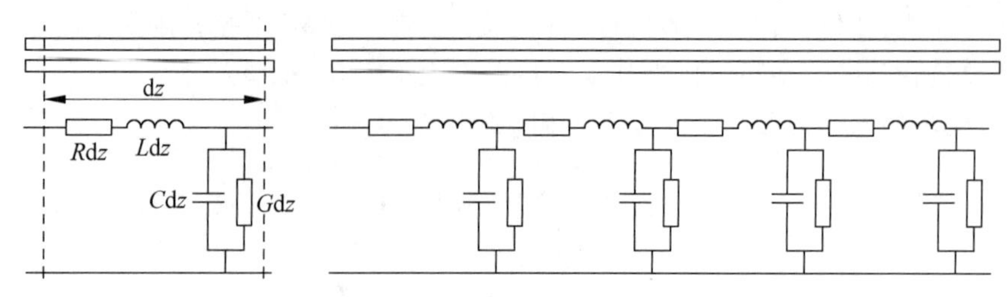

图 1-1 传输线等效电路

对于如图 1-1 所示的均匀传输线 dz 上电流与电压满足如下关系式

$$\left.\begin{aligned}Ri(z,t)+L\frac{\partial i(z,t)}{\partial t}&=-\frac{\partial v(z,t)}{\partial z}\\Gv(z,t)+C\frac{\partial v(z,t)}{\partial t}&=-\frac{\partial i(z,t)}{\partial z}\end{aligned}\right\}\tag{1-5}$$

式(1-5)即为传输线方程。传输线上信号的角频率为 ω 时电流和电压的瞬时表达式 $i(z,t)$ 和 $v(z,t)$ 与复数表达式 $I(z)$、$V(z)$ 之间的关系为

$$\left.\begin{aligned}i(z,t)&=\mathrm{Re}[I(z)\mathrm{e}^{\mathrm{j}\omega t}]\\v(z,t)&=\mathrm{Re}[V(z)\mathrm{e}^{\mathrm{j}\omega t}]\end{aligned}\right\}\tag{1-6}$$

由式(1-5)和式(1-6)可得复数形式传输线方程为

$$\left.\begin{aligned}-\frac{\mathrm{d}I}{\mathrm{d}z}&=(G+\mathrm{j}\omega C)V\\-\frac{\mathrm{d}V}{\mathrm{d}z}&=(R+\mathrm{j}\omega L)I\end{aligned}\right\}\tag{1-7}$$

由式(1-7)可得均匀传输线的波动方程为

$$\left.\begin{aligned}\frac{\mathrm{d}^2 I}{\mathrm{d}z^2}-\gamma^2 I&=0\\\frac{\mathrm{d}^2 V}{\mathrm{d}z^2}-\gamma^2 V&=0\end{aligned}\right\}\tag{1-8}$$

式(1-8)中,

$$\gamma=\alpha+\mathrm{j}\beta=\sqrt{(R+\mathrm{j}\omega L)(G+\mathrm{j}\omega C)}\tag{1-9}$$

式中,γ 为传输线上波的传播常数,其实部 α 为衰减常数,虚部 β 为相移常数。

可求得传输线波动方程式(1-8)的解为

$$\left.\begin{aligned}V(z)&=C_1\mathrm{e}^{-\gamma z}+C_2\mathrm{e}^{\gamma z}\\I(z)&=\frac{1}{Z_0}(C_1\mathrm{e}^{-\gamma z}-C_2\mathrm{e}^{\gamma z})\end{aligned}\right\}\tag{1-10}$$

式中,C_1 和 C_2 为常数,

$$Z_0=\sqrt{\frac{R+\mathrm{j}\omega L}{G+\mathrm{j}\omega C}}\tag{1-11}$$

式中,Z_0 为传输线的特性阻抗。

当传输线为无损传输线时衰减常数 $\alpha=0$，则 $\gamma=\mathrm{j}\beta$，代入式(1-10)得

$$\left.\begin{aligned} V(z)&=C_1\mathrm{e}^{-\mathrm{j}\beta z}+C_2\mathrm{e}^{\mathrm{j}\beta z}\\ I(z)&=\frac{1}{Z_0}(C_1\mathrm{e}^{-\mathrm{j}\beta z}-C_2\mathrm{e}^{\mathrm{j}\beta z})\end{aligned}\right\} \tag{1-12}$$

式(1-12)即为无损传输线的电压与电流分布公式。

传输线的特性参数主要包括特性阻抗、输入阻抗、反射系数、驻波系数、传播常数以及传输功率。

1. 特性阻抗

式(1-11)为传输线的特性阻抗，对于低损耗传输线特性阻抗可以近似表示为

$$Z_0=\sqrt{\frac{L}{C}} \tag{1-13}$$

此时，传输线特性阻抗为纯电阻。

平行双导线的结构如图 1-2 所示，其特性阻抗为

$$Z_0=120\ln\left[\frac{D}{d}+\sqrt{\left(\frac{D}{d}\right)^2-1}\right]\approx 120\ln\frac{2D}{d} \tag{1-14}$$

同轴线结构如图 1-3 所示，同轴线的特性阻抗为

$$Z_0=\frac{60}{\sqrt{\Sigma_{\mathrm{r}}}}\ln\frac{D}{d} \tag{1-15}$$

式中，Σ_{r} 为同轴线内外导体间介质的相对介电常数。

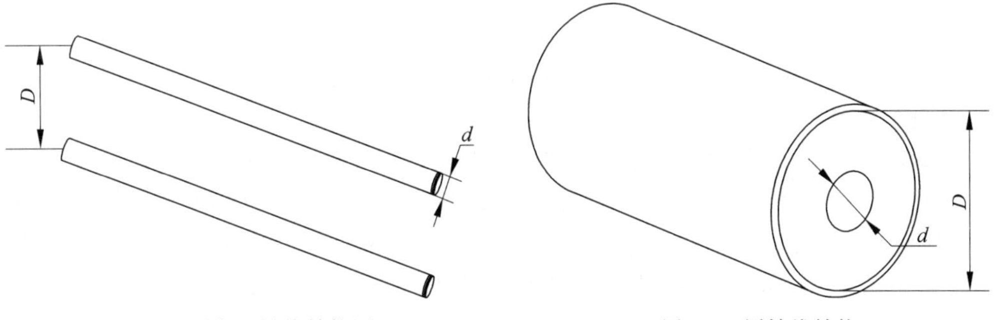

图 1-2　平行双导线结构图　　　图 1-3　同轴线结构

2. 输入阻抗

传输线上某点的输入阻抗定义为传输线上该点电压值与电流值之比，其一般表达式为

$$Z_{\mathrm{in}}(z)=\frac{V(z)}{I(z)} \tag{1-16}$$

对于一段传输线，其等效电路如图 1-4 所示。

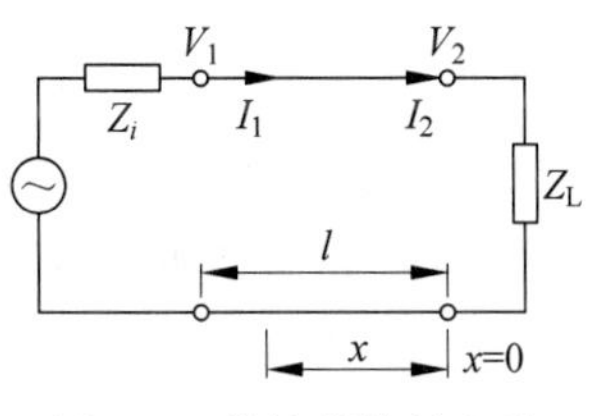

图 1-4　传输线等效电路

图 1-4 中 Z_i 为源内阻，通常等于特性阻抗 Z_0，Z_{L} 为负载阻抗，当 $Z_{\mathrm{L}}=Z_0$ 时传输线上无反射信号。由式(1-8)可解得如图 1-4 所示的等效电路的解为

$$\left.\begin{aligned}V_1&=\frac{1}{2}(V_2+I_2Z_0)\mathrm{e}^{\gamma x}+\frac{1}{2}(V_2-I_2Z_0)\mathrm{e}^{-\gamma x}\\I_1&=\frac{1}{2Z_0}(V_2+I_2Z_0)\mathrm{e}^{\gamma x}-\frac{1}{2Z_0}(V_2-I_2Z_0)\mathrm{e}^{-\gamma x}\end{aligned}\right\}\tag{1-17}$$

式中，x 为以负载端作为起点的距离坐标；

γ 为传输系数，有 $\gamma=\alpha+\mathrm{j}\beta$，$\alpha$ 为衰减常数，β 为相移常数。

对于无损传输线式(1-17)可以表示为

$$\left.\begin{aligned}V&=V_2\cos\beta x+\mathrm{j}I_2Z_0\sin\beta x\\I&=I_2\cos\beta x+\mathrm{j}\left(\frac{V_2}{Z_0}\right)\sin\beta x\end{aligned}\right\}\tag{1-18}$$

由式(1-18)得到无损传输线的输入阻抗为

$$Z_{\mathrm{in}}(l)=Z_0\frac{Z_{\mathrm{L}}\cos\beta x+\mathrm{j}Z_0\sin\beta x}{Z_0\cos\beta x+\mathrm{j}Z_{\mathrm{L}}\sin\beta x}=Z_0\frac{Z_{\mathrm{L}}\cos\beta(l-z)+\mathrm{j}Z_0\sin\beta(l-z)}{Z_0\cos\beta(l-z)+\mathrm{j}Z_{\mathrm{L}}\sin\beta(l-z)}\tag{1-19}$$

式中，l 为传输线长度，z 为以信号源端为起点的距离坐标，如图 1-5 所示。

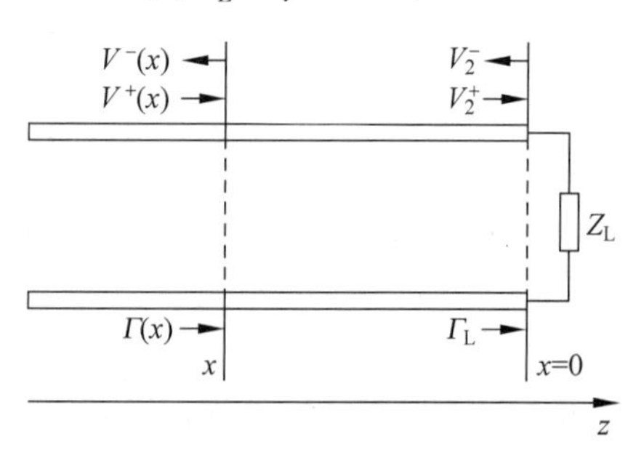

图 1-5　入射电压与反射电压示意图

由式(1-19)可知传输线的输入阻抗的特点如下。

(1) 当负载阻抗 $Z_{\mathrm{L}}=Z_0$ 时，输入阻抗 $Z_{\mathrm{in}}(x)=Z_0$，此时属于负载匹配的状态，此状态下传输线上各处的输入阻抗 $Z_{\mathrm{in}}(x)$ 均与特性阻抗 Z_0 相同。

(2) 当负载 $Z_{\mathrm{L}}\neq Z_0$ 时，输入阻抗 $Z_{\mathrm{in}}(x)$ 随传输线位置 x 而发生变化，且输入阻抗与负载阻抗 Z_{L} 不相等。

(3) 输入阻抗 $Z_{\mathrm{in}}(x)$ 是一个周期函数，其周期为 $\lambda/2$，其中 λ 为波长。

3. 反射系数

传输线上传输的波通常是入射波与反射波的叠加。当传输线为非均匀传输线，或者传输线负载阻抗 Z_{L} 与特性阻抗 Z_0 不相等时，在传输线上便会有波的反射现象发生。传输线的工作状态很大程度上取决于线上反射的情况。反射系数 Γ 用来表示传输线的反射特性。反射系数定义为传输线上某点处反射电压与入射电压的比值。反射系数表达式为

$$\Gamma(x)=\frac{V^{-}(x)}{V^{+}(x)}=\Gamma_{\mathrm{L}}\mathrm{e}^{-\mathrm{j}2\beta x}=|\Gamma_{\mathrm{L}}|\mathrm{e}^{\mathrm{j}\phi_{\mathrm{L}}}\mathrm{e}^{-\mathrm{j}2\beta x}=|\Gamma_{\mathrm{L}}|\mathrm{e}^{\mathrm{j}(\phi_{\mathrm{L}}-2\beta x)}\tag{1-20}$$

式中，$V^{-}(x)$和 $V^{+}(x)$分别为传输线上距离负载 x 处的反射电压和入射电压，如图 1-5 所示。

式(1-20)中 Γ_{L} 为终端反射系数

$$\Gamma_{\mathrm{L}}=\frac{V_2-I_2Z_0}{V_2+I_2Z_0}=|\Gamma_{\mathrm{L}}|\mathrm{e}^{\mathrm{j}\phi_{\mathrm{L}}}\tag{1-21}$$

4. 驻波比(系数)与行波系数

工程上为了更加方便地表示传输线反射特性，引入了驻波系数的概念，并将其定义为传输线上电压最高点振幅与电压最低点振幅之比，也称为电压驻波比，用 ρ 或者 VSWR 表示。电压驻波比表达式为

$$\rho=\frac{1+|\Gamma_{\mathrm{L}}|}{1-|\Gamma_{\mathrm{L}}|}\tag{1-22}$$

将电压驻波比的倒数定义为行波系数，用符号 K 来表示。于是，行波系数表达式为

$$K=\frac{1-|\Gamma_{\mathrm{L}}|}{1+|\Gamma_{\mathrm{L}}|}=\frac{1}{\rho} \tag{1-23}$$

5. 传播常数

用于描述传输线上反射波与入射波衰减和相位变化的参数称为传播常数，用符号 γ 表示。当传输线为低损传输线时，传播常数表达式可以表示为

$$\gamma=\alpha+\mathrm{j}\beta=\left(\frac{R}{2Z_0}+\frac{GZ_0}{2}\right)+\mathrm{j}\omega\sqrt{LC} \tag{1-24}$$

6. 传输功率

在传输线上，任意点处的传输功率可用式(1-25)表示为

$$\begin{aligned}P(x)&=\frac{1}{2}\mathrm{Re}[V(x)I^*(x)]=\frac{|V^+(x)|^2}{2Z_0}[1-|\Gamma(x)|^2]\\&=P^+(x)-P^-(x)\end{aligned} \tag{1-25}$$

式中，$P^+(x)$与 $P^-(x)$分别表示通过传输线上 x 点处的入射功率和反射功率。传输线上通过任意点的功率等于此处入射功率和反射功率之差。当传输线为无损传输线时，传输线上各处传输功率均是相等的，此时传输功率表达式可以改写为

$$P(x)=\frac{1}{2Z_0}|V|_{\max}|V|_{\min}=\frac{1}{2}K\frac{|V|_{\max}^2}{Z_0} \tag{1-26}$$

其中，K 为行波系数。由式(1-26)可知，传输线功率容量与行波系数成正比，同时与驻波系数成反比，因此通过提高行波系数或者减小驻波系数可以达到提高传输线功率容量的目的，这就为如何提高传输线功率容量提供了解决思路。

1.2.2 阻抗圆图与导纳圆图

1. 阻抗圆图

传输线上任一点的总电压和总电流之比定义为该点的输入阻抗，记作 z_{in}，归一化输入阻抗为

$$z_{\mathrm{in}}=Z/Z_0 \tag{1-27}$$

将式(1-19)代入，经整理可得归一化输入阻抗为

$$z_{\mathrm{in}}=\frac{z_l+\mathrm{j}\tan\beta(l-z)}{1+\mathrm{j}z_l\tan\beta(l-z)} \tag{1-28}$$

式中，$z_l=\dfrac{z_l}{z_0}$为归一化负载阻抗。

当 $z=0$ 时，由式(1-28)可得传输线的归一化输入阻抗为

$$z_{\mathrm{in}}=\frac{z_l+\mathrm{j}\tan\beta l}{1+\mathrm{j}z_l\tan\beta l} \tag{1-29}$$

当 $z=l$ 时，由式(1-28)可得传输线终端输入阻抗为

$$z_{\mathrm{in}}=z_l \tag{1-30}$$

常用的阻抗圆图也称为史密斯(Smith)圆图，它在微波领域中有着非常广泛的应用。史密斯圆图由等反射系数圆族、等电阻圆族和等电抗圆族组成。

1）等反射系数圆族

均匀无损传输线，当终端负载阻抗一定时，传输线上的反射也就一定。线上任一点的反射系数可写成复数形式

$$\Gamma=|\Gamma|\mathrm{e}^{\mathrm{j}\theta}=\Gamma_a+\mathrm{j}\Gamma_b \tag{1-31}$$

由式(1-31)可得

$$\Gamma_a^2+\Gamma_b^2=|\Gamma|^2 \tag{1-32}$$

可见这是一个圆方程式，圆心位于(0,0)，半径为$|\Gamma|=|\Gamma_l|$，Γ_l为负载处的反射系数。当Z_L不同时，算出的$|\Gamma_l|$也不同，因而有不同的等$|\Gamma|$圆。通常由于$0\leqslant|\Gamma_l|\leqslant1$，故复平面上所绘的等反射系数圆是以原点为圆心，以$|\Gamma_l|$为半径的同心圆族。最小的$|\Gamma_l|=0$，圆退化为点，此点即所谓的“匹配点”，它落在复平面坐标原点O上；最大的$|\Gamma_l|=1$，是最外圆，它代表全反射系数的轨迹，如图1-6所示。

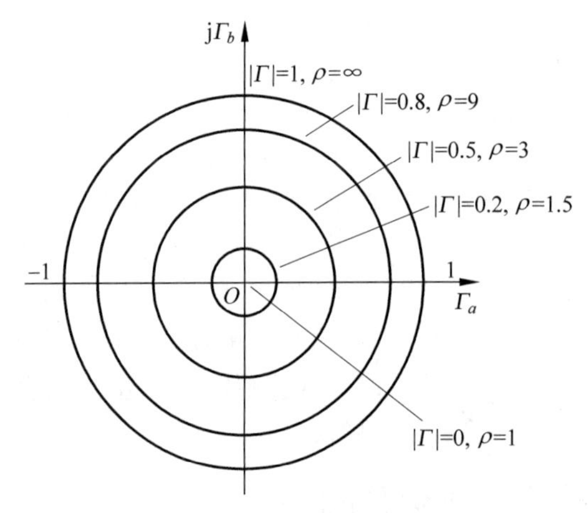

图1-6 等反射系数圆族

2）等电阻圆族

根据传输线阻抗定义

$$Z=\frac{U}{I}=\frac{U^{+}+U^{-}}{I^{+}-I^{-}}=\frac{U^{+}}{I^{+}}\cdot\frac{1+U^{-}/U^{+}}{1-I^{-}/I^{+}}=Z_0\frac{1+\Gamma}{1-\Gamma} \tag{1-33}$$

可求得输入阻抗归一化值为

$$z_{\mathrm{in}}=Z/Z_0=\frac{1+\Gamma}{1-\Gamma}=r+\mathrm{j}x \tag{1-34}$$

式中，$r=R/Z_0$为归一化电阻，$x=X/Z_0$为归一化电抗，有

$$r+\mathrm{j}x=\frac{1+\Gamma_a+\mathrm{j}\Gamma_b}{1-\Gamma_a-\mathrm{j}\Gamma_b}$$

将上式等号右方分离实、虚部，再使等式两边实部、虚部分别相等，可得

$$r=\frac{(1-\Gamma_a)-\Gamma_b^2}{(1-\Gamma_a)+\Gamma_b^2} \tag{1-35}$$

$$x=\frac{2\Gamma}{(1-\Gamma_a)+\Gamma_b^2} \tag{1-36}$$

式(1-36)经变换后得

$$\left(\Gamma_a-\frac{r}{r+1}\right)^2+\Gamma_b^2=\left(\frac{1}{r+1}\right)^2 \tag{1-37}$$

式(1-37)是一个以 Γ_a、Γ_b 为坐标变量,以 r 为参变量的圆方程式。画在复平面中是一组圆,这就是等电阻圆族,其圆心在$(r/(r+1),0)$上,半径为 $1/(r+1)$。因 $0\leqslant r\leqslant\infty$,故可绘出无穷多个电阻圆,它们的圆心都在实轴 Γ_a 上,且圆心的横坐标 $r/(r+1)$与半径 $1/(r+1)$之和恒等于 1,因此等 r 圆是一组公共切点为 $B(1,0)$的内切圆族,如图 1-7 所示。

当 $r=0$ 时,此圆的圆心为(0,0),即在坐标原点上,半径为 1,是最外一层电阻圆,与$|\Gamma|=1$ 圆重合。随着 r 的增加,等 r 圆的圆心沿正实轴逐渐远离坐标原点。当 $r=\infty$时,该圆的圆心位于(1,0)点,即 B 点上,半径为 0,即圆退化为一个点,它对应的电阻为无穷大,故称此点为“开路点”。

3) 等电抗圆族

将式(1-36)整理可得

$$(\Gamma_a-1)^2+\left(\Gamma_b-\frac{1}{x}\right)^2=\left(\frac{1}{x}\right)^2 \tag{1-38}$$

由式(1-38)可得,当归一化电抗值 x 一定时,其轨迹也是一个圆。由于 x 圆的圆心在$(1,1/x)$上,半径为 $1/x$。其中一组是正电抗圆族,它们的圆心落在 $\Gamma_a=1$ 的上半虚轴上,半径随 x 的增大而缩小,它们是一组公共切点为 $B(1,0)$的内切圆;另一组是负电抗圆族,它们的圆心落在 $\Gamma_a=1$ 的下半虚轴上,这也是一组公共切点为 B 的内切圆。上述两组内切圆又是以 B 为公共切点的外切圆,如图 1-8 所示。

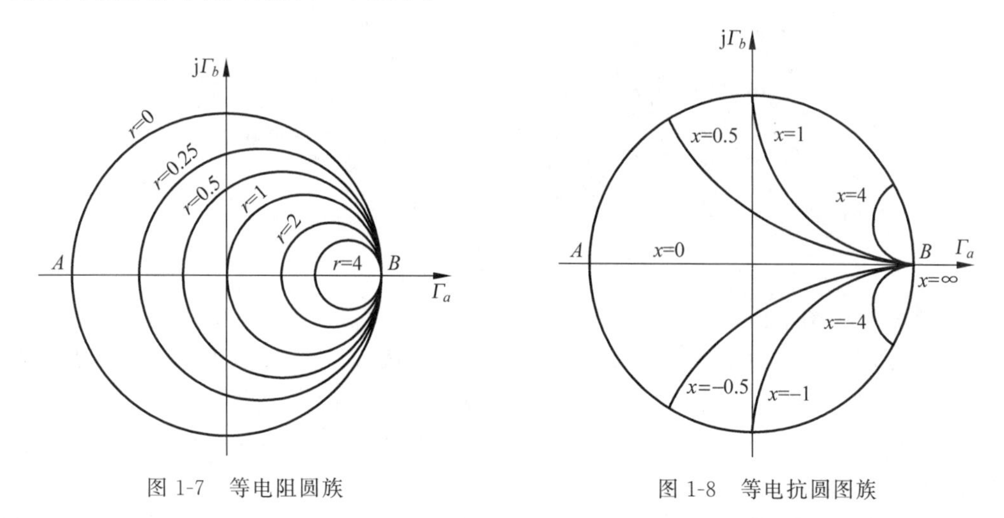

图 1-7 等电阻圆族

图 1-8 等电抗圆图族

因为有用部分仅限于$|\Gamma|=1$ 的圆内,故等 x 圆的其余部分不画出。不难看出,当 $x=\pm\infty$时,圆心在(1,0)上,半径为 0,等 x 圆退化为一个点(即图中之 B 点),它对应电抗为无穷大,此即上述之“开路点”。

4) 史密斯圆图

将图 1-6~图 1-8 重叠在一起即构成完整的阻抗圆图,因该图最早是由史密斯完成的,故又称为史密斯圆图,如图 1-9 所示。

由上面分析可知,图 1-9 的任一点都可读出 4 个量值:r、x、$|\Gamma|$、φ。只要知道其中两

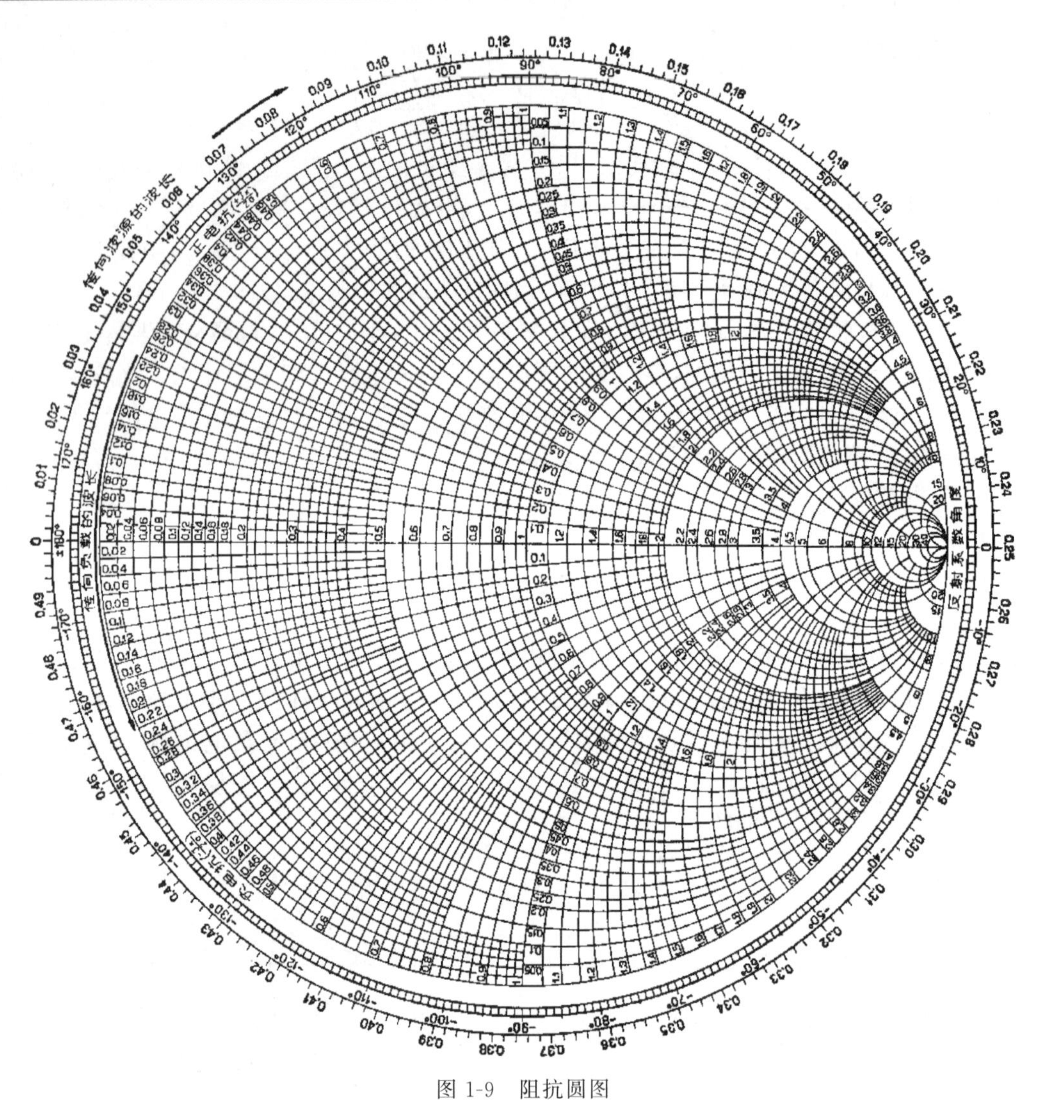

图 1-9 阻抗圆图

个量，就可根据圆图求出另外两个量。

(1) 圆图实轴上半圆内的等 x 圆曲线代表感性电抗，即 $x>0$，故上半圆中各点代表各不同数值的感性复阻抗归一化值。

(2) 圆图实轴下半圆内等 x 圆曲线代表容性电抗，即 $x<0$，故下半圆内各点代表各种不同数值的容性复阻抗归一化值。

(3) 当 $x=0$(即纯阻)时，等 x 圆的半径为∞，等 x 圆退化成实轴线，因此实轴为纯阻线。实轴左端点代表阻抗短路点，因该点的 $r=0$、$x=0$、$|\Gamma|=1$、$\varphi=\pi$，即 $\Gamma=-1$。实轴右端点代表阻抗开路，因该点的 $r=\infty$、$x=\infty$、$\Gamma=|\Gamma|\mathrm{e}^{\mathrm{j}\varphi}=1$。圆图中心点 O 则代表阻抗匹配点，因该点的 $r=1$、$x=0$、$|\Gamma|=0$，这一点在上面等反射系数圆的分析中已经见到了。

(4) 既然实轴为纯电阻，则该轴上各点均有 $x=0$、$z_{\mathrm{in}}=r$，这些点表明它们所对应的是传输线上电压和电流同相位的点。这些点要么是电压腹点(电流节点)，要么是电压节点(电流腹点)。

若是电压波节点，则有

$$r_{\min}=z_{\text{in},\min}=\frac{Z_{\text{in},\min}}{Z_0}=K \tag{1-39}$$

式(1-39)表明，负实轴上的归一化电阻 r 值，也表示此时传输线的行波系数 K 值。

若是电压波腹点，有

$$r_{\max}=z_{\text{in},\max}=\frac{Z_{\text{in},\max}}{Z_0}=\rho \tag{1-40}$$

这表明正实轴上的归一化电阻 r 值，也表示此时传输线的驻波系数 ρ 值。

(5) 在圆图最外圈标有电刻度(又称波数，实际上是线上某点离终端的距离 d 与波长的比值，即其电长度 d/λ)。通常选实轴左端点 A 为起算点，旋转一周为 0.5。圈外刻度按顺时针方向增加，用箭头示出"向电源方向"。圈内刻度按逆时针方向增加，用箭头示出"向负载方向"。这是很好理解的，因为由式(1-20)和式(1-31)可得

$$\theta=\varphi_l-2\beta(l-z)=\varphi_l-2\beta d \tag{1-41}$$

随着 d 的增大(即 z 减小)，所研究的点在向信号源方向移动。式(1-41)中 φ_l 一定，则 θ 随 d 增大而减小，故而沿顺时针方向旋转。反之 θ 随 d 的减小(z 的增加)而增大，因而是向负载方向移动，即应在圆图上沿逆时针方向旋转。

(6) 圆图左半实轴是所在驻波节点的轨迹，而右半实轴则是所有波腹点的轨迹。

2. 导纳圆图

在实际电路中有时需要计算导纳。例如，在微波电路中常用并联元件构成，在这种情况下用导纳计算比较方便。用于计算导纳的圆图称为导纳圆图。

设传输线上任一点的归一化导纳为 y，则有

$$y=g+\mathrm{j}b=\frac{Y}{Y_0}=\frac{Z_0}{Z}=\frac{1-\Gamma(z)}{1+\Gamma(z)}=\frac{1+\Gamma_i(z)}{1-\Gamma_i(z)}$$

式中，Y_0 为传输线的特性导纳，$g=G/Y_0$ 为归一化电导，$b=B/Y_0$ 为归一化电纳，$\Gamma_i(z)=-\Gamma(z)$为电流反射系数。

将上式与式(1-34)进行对比可以发现，两者形式完全一样。只是归一化阻抗用相应的归一化导纳替换，将 r 换为 g，将 x 换为 b，电压反射系数用电流反射系数代替，而归一化导纳与归一化阻抗互为倒数的关系，即 $y=\dfrac{1}{z}$。

另外，归一化输入导纳与传输线上相隔 $\lambda/4$ 位置的归一化输入阻抗在数值上相等。由无耗 $\lambda/4$ 传输线的阻抗变换性，即

$$Z_{\text{in}}(\lambda/4)\cdot Z_l=Z_0^2$$

得

$$z_{\text{in}}(\lambda/4)\cdot z_l=1,\quad y_{\text{in}}(\lambda/4)=z_l,\quad z_{\text{in}}(\lambda/4)=y_l$$

这表明，圆图中任一点的归一化阻抗值就是经 $\lambda/4$ 后的归一化导纳值，而该归一化阻抗代表的归一化导纳值则是经 $\lambda/4$ 后的归一化阻抗值。因此，阻抗圆图上的点(r,x)绕圆图中心旋转 180°即得到其对应的归一化导纳值(g,b)，将整个阻抗圆图旋转 180°即得导纳圆图。

1.2.3 传输线的阻抗匹配

当负载阻抗 Z_l 与传输线路的特性阻抗 Z_0 不相等时，将产生反射波，使负载得到的功

率减少。利用传输线的阻抗变换作用,可使负载的视在阻抗等于 Z_0,从而使反射波消失,线路呈现行波状态,这就是阻抗匹配。

这类匹配装置是在主传输线上并联适当的电纳,以产生附加反射来抵消主线上原有的反射波从而达到匹配的目的。电纳元件可用短路线或开路线跨接在主线上来实现,这就是匹配支节。匹配支节分单支节、双支节和三支节,分别介绍如下。

1. 单支节匹配

单支节匹配器是在离终端适当位置上并联一可调短路线构成的,如图 1-10 所示。调节支节位置 d_1 和支节长度 l_1,使 AA'左边主传输线达到匹配。

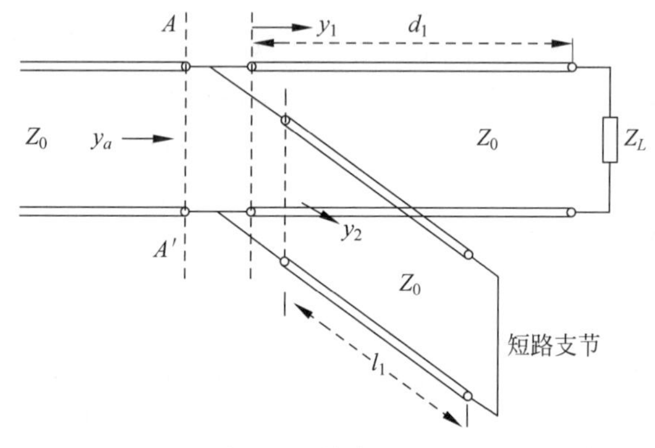

图 1-10 单支节匹配

匹配原理:因 $z_l \neq 1$,传输线不匹配,所以总可以在线上找到这样一点,其归一化导纳的电导分量为 1,即 $y_1 = 1 \pm \mathrm{j}b_1$。若在该处并联一个大小相等、正负相反的电纳 $y_2 = \mp \mathrm{j}b_1$,就可以抵消 y_1 的电纳分量,使该处的总归一化导纳 $y_a = y_1 + y_2 = 1$,即 $z_a = 1$,从而使主传输线获得匹配。

2. 双支节匹配

双支节匹配器是在单支节旁再加一支节,保持二支节的位置不动,只靠调节二支节的长度达到匹配的一种装置。其中二支节的间距 d_2 一般取 $\lambda/8$ 或其整数倍,但不能取 $\lambda/2$。双支节匹配存在盲区。

3. 三支节匹配

为解决双支节区配存在盲区的缺点,可采用三支节或四支节匹配。

1.3 微波元件

在微波系统中,实现对微波信号的定向传输、衰减、隔离、滤波、相位控制、波形变化与极化变换、阻抗变换与调配等功能作用的统称为微波元(器)件。

微波元件的形式和种类很多,其中有些与低频元件的作用相似。如在波导横截面中插入金属膜片或销钉,起类似低频中的电感、电容的作用;沿波导轴线放置适当长度的吸收片,可以起消耗电磁能量的作用,相当于低频中的衰减器;在 E 面或 H 面使用波导分支,可以起到类似于低频中的串联、并联的作用等。将若干微波元件组合起来,可以得到各种重要组件。如在波导中将膜片或销钉放在适当位置,可以构成谐振腔;由适当组合的谐振腔,可以得到不同要求的微波滤波器等。

由于微波元件种类繁多,本章不可能全部涉及,只能选择其中最主要的、实验中将遇到的元器件进行论述。

1.3.1 终端负载

常用的终端负载有两类:一类是匹配负载;另一类是可变短路器。这些终端装置广泛地应用于实验室,以测量微波元件的阻抗和散射参量。匹配负载是用来全部吸收入射波功率,保证传输系统的终端不产生反射的终端装置,它相当于终端接特性阻抗的传输线。可变短路器是一种可调整的电抗性负载,是用来把入射波功率全部反射的终端装置。反射波的相位随短路器位置的变化而变化,因而,改变短路器的位置,相当于改变终端负载的电抗。

1. 波导型匹配负载

波导型匹配负载是由嵌入波导中的有耗材料做成的一块渐变的尖劈或片,如图 1-11(a)所示。渐变片可以是一片也可以是多片。因为材料是有耗的,所以入射波功率被它吸收了。同时由于波是逐渐地进入有耗材料做成的尖劈中而避免了反射,因此,这种终端负载可以认为是一段有损耗的渐变传输线。实践表明,尖劈做得愈长,匹配性能愈好。一般劈长取为 2~3 倍波导波长。

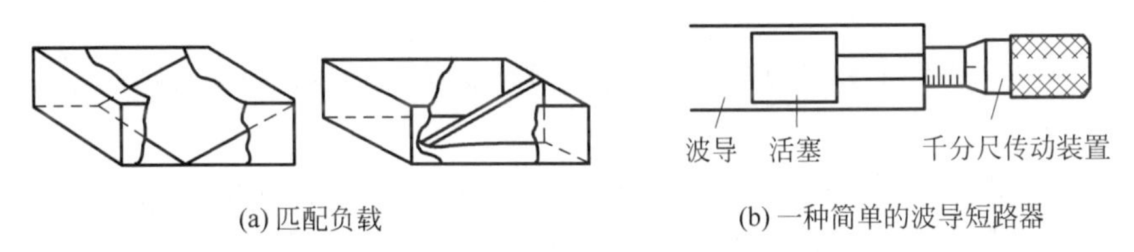

(a) 匹配负载　　(b) 一种简单的波导短路器

图 1-11 波导负载

2. 可变短路器

用于波导中的可调短路器的最简形式是用铜或其他良导体做成的活塞,如图 1-11(b)所示。它与波导内壁是密接的,利用千分尺的传动来改变活塞的位置。但是,这种简单的装置在电气性能上不尽人意。因为在活塞壁之间存在不规律的接触,使有效的电短路位置无规则地偏离活塞前面的实际短路位置。同时,由于短路的不完善,通过活塞可能引起一些功率泄漏,其结果使 $|\Gamma|<1$。

1.3.2 电抗元件

这些常用的电抗元件有膜片、谐振窗、销钉、T 形接头等。

1. 膜片

根据膜片在波导中放置方法的不同,又分为容性膜片和感性膜片两种。

1) 容性膜片

在波导横截面上放置平行于宽边的金属薄片,称为容性膜片,如图 1-12 所示。

膜片的窗口尺寸为 $a\times b'\times d$,膜片厚度 d 非常薄。膜片的上下位置可以是对称的,也可以是不对称的。其位置的对称与否只影响电容的大小而不会影响电抗的性质。从物理概念上看,由于缝隙上下之间距离的缩短($b'<b$)引起了缝隙间电场的集中,这相当于在该处并联了一个电容,其等效电路如图 1-13 所示。

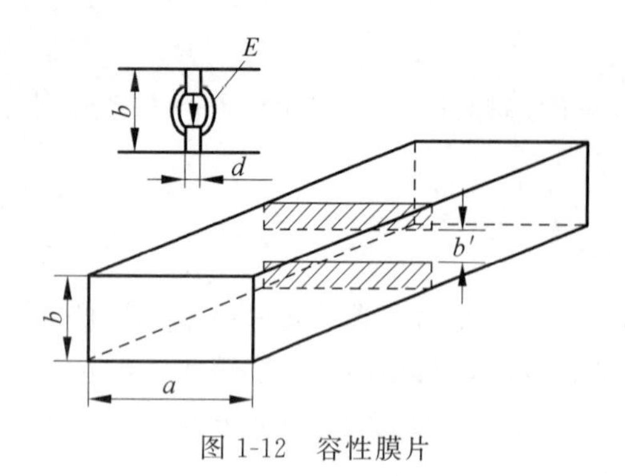

图 1-12　容性膜片

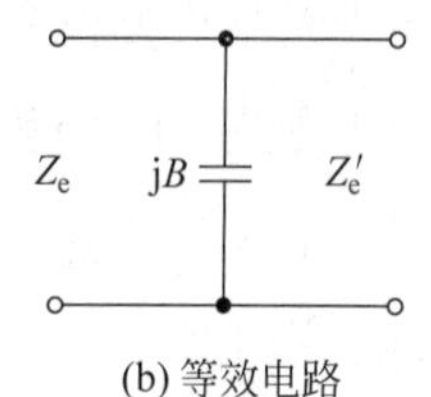

(a) 容性膜片　(b) 等效电路

图 1-13　波导中容性膜片及其等效电路

TE_{10} 波的等效阻抗为

$$Z_e = \frac{b}{a}\frac{120\pi}{\sqrt{1-\left(\frac{\lambda}{2a}\right)^2}} \tag{1-42}$$

膜片缝隙可看成长度为 d 口径为 $a\times b'$ 的短波导，其等效阻抗，为

$$Z'_e = \frac{b'}{a}\frac{120\pi}{\sqrt{1-\left(\frac{\lambda}{2a}\right)^2}} \tag{1-43}$$

对比式(1-42)和式(1-43)，显然 $Z'_e<Z_e$，可知 $\beta>0$，即为容性电纳，故称为容性膜片。

2) 感性膜片

在波导横截面上沿左右窄边放置对称或不对称的金属膜片就构成了感性膜片，如图 1-14 所示。在膜片缝隙处磁力线相对集中，因而相当于在该处并联一感性电纳。感性膜片的等效电路如图 1-14(c)所示。

$$Z'_e = \frac{b}{a'}\frac{120\pi}{\sqrt{1-\left(\frac{\lambda}{2a'}\right)^2}} \tag{1-44}$$

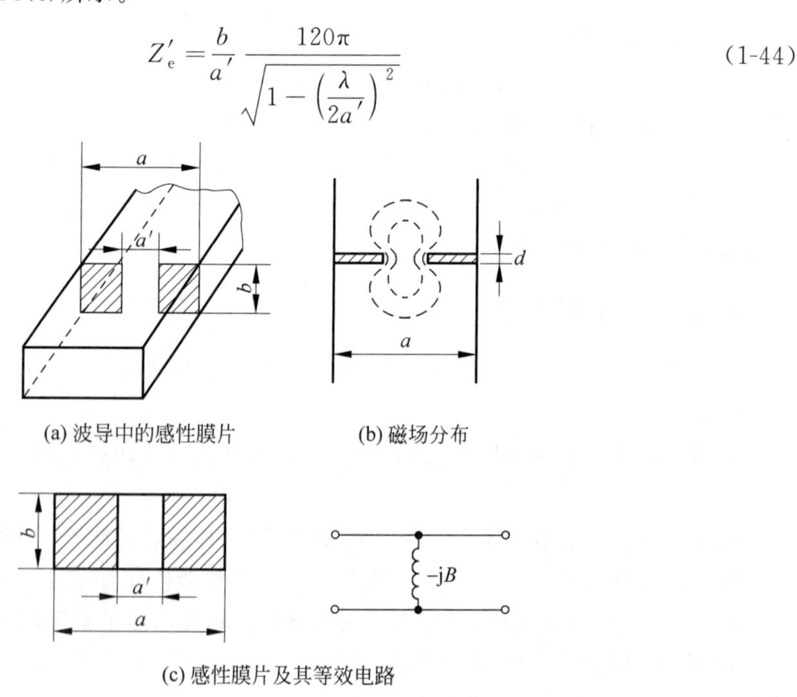

(a) 波导中的感性膜片　(b) 磁场分布

(c) 感性膜片及其等效电路

图 1-14　对称电感膜片

由于 $a'<a$,故 $Z'_e>Z_e$,可知 $B<0$,即为感性电纳,故称为感性膜片。

2. 谐振窗

常用的谐振窗窗口形状有矩形、圆形、椭圆形及哑铃形等几种,如图 1-15 所示。

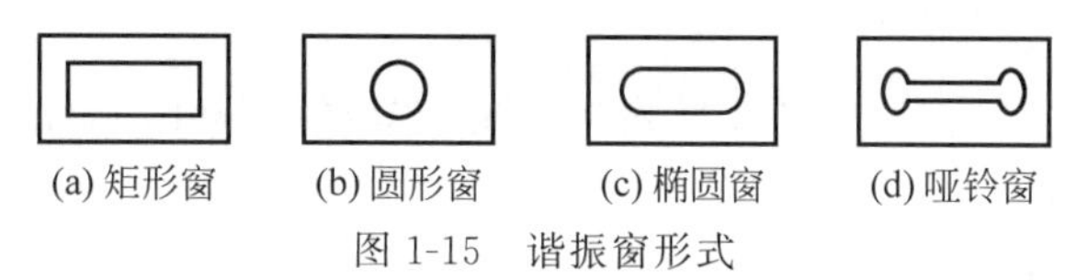

图 1-15 谐振窗形式

通过对电容、电感膜片的分析,可以把小窗想象为感性和容性膜片的组合,因而谐振窗的等效电路可以近似地看作为接在传输线中的并联谐振回路。实用中谐振窗口常用介质(如玻璃等)封闭。谐振窗的等效电路如图 1-16 所示。

不仅矩形窗口具有谐振特性,其他形状的小窗也具有谐振的性质。谐振窗引入波导系统会在窗口的宽边中间产生电场的过分集中,从而引起高频击穿。这种高频击穿被广泛地用在雷达技术——天线收发开关中。

3. 销钉

当在矩形波导宽边中央位置插入销钉(或螺钉)时,主要电场将在该处集中。改变其插入深度,即可改变它在波导中所呈现的导纳性质和大小。波导中的销钉及其等效电路示于图 1-17 中。

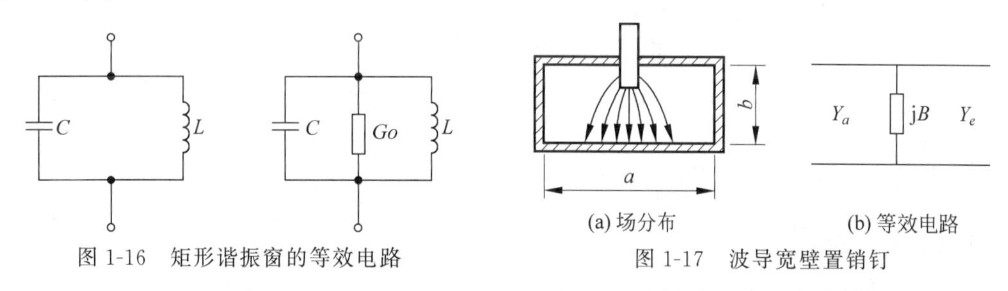

图 1-16 矩形谐振窗的等效电路　　图 1-17 波导宽壁置销钉

当销钉插入深度 $l<\lambda/4$ 时,由于销钉顶部电场集中,并联导纳呈现容性($B>0$)。随 l 不断增加,容性导纳也不断增加;当 $l\approx\lambda/4$ 时,$B\to\infty$ 呈现串联谐振特性;当 $l>\lambda/4$ 时,并联导纳呈感性($B<0$)。

4. 波导分支

在实际工作中,常需要把功率一分为二,这就需要波导分支元件。最常用的有 E 面分支和 H 面分支两种。

(1) E 面分支。

E 面分支又称 E-T 接头,分支在波导宽边上,与 TE_{10} 波的电场分量 E_y 相平行,如图 1-18 所示。波导 E 面分支及其等效电路令主波导两臂为“1”和“2”,分支臂为“4”。

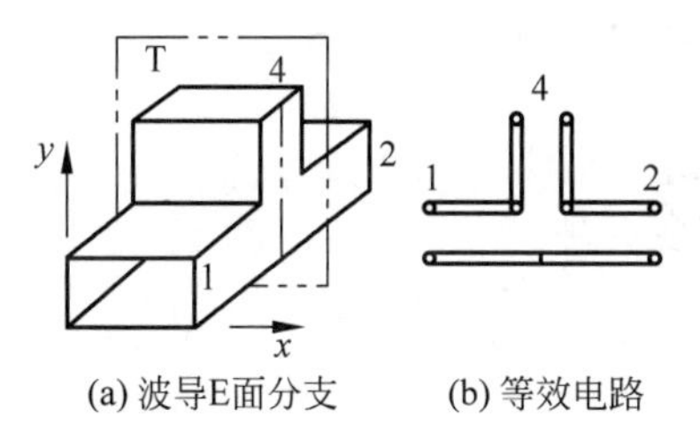

图 1-18 波导 E 面分支及其等效电路

由图 1-18 可见,1、2 臂对 4 臂是几何对称的。由电场的分布特点可以看出:

① 当波从“4”输入时,1、2 臂等幅反相输出,即有 $S_{14}=-S_{24}$;

② 当波从 1、2 两臂等幅反相输入时,4 臂应有

“和”输出；

③ 当波从 1、2 两臂等幅同相输入时，4 臂有“差”输出，当 1、2 两臂状态完全相同时，4 臂应为零输出，即无输出。

（2）H 面分支。

H 面分支又称 H-T 接头，分支波导是接在主波导的窄壁上，与 TE_{10} 波的磁场平面相平行，仍令主波导的两个臂为“1”和“2”，分支臂为“3”，如图 1-19 所示。同样，忽略分支处高次模的影响，定性分析 H 面分支的特性。

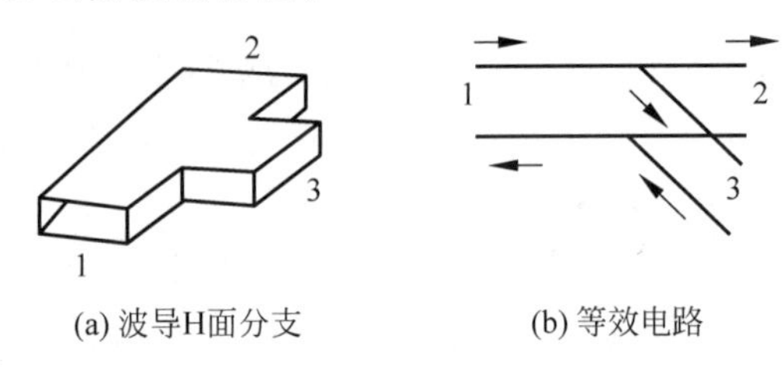

(a) 波导H面分支　(b) 等效电路

图 1-19　波导 H 面分支及其等效电路

H 面分支结构 1、2 两臂相对于 3 臂是几何对称的。而当 3 臂输入波时，其电场相对于对称面 T 而言具有对称性质，根据奇偶禁戒法则，它在 1、2 臂只能激励起偶对称波，即等幅同相。再加上分支元件又是无耗和互易的，故 H 面分支具有如下特性。

① 当波由 3 臂输入时，1、2 两臂有等幅同相输出，即有 $S_{13}=S_{23}$。

② 当波由 1、2 两臂等幅同相输入时，则在 3 臂有“和”输出。

③ 当波由 1、2 两臂等幅反相输入时，则在 3 臂有“差”输出；若 1、2 臂状态完全相同时，3 臂应无输出。

④ 当波由 1 臂输入时，则在 2、3 臂有等幅同相输出，于是有 $S_{21}=S_{31}=S_{12}=S_{13}$。

1.3.3 衰减器

衰减器可用来限制或控制系统中的功率电平，分固定和可变的两种。

1. 吸收式衰减器

在波导内装置吸收片，使与吸收片平行的电场被吸收或部分吸收，以达到控制系统功率电平的目的，这种衰减装置称为吸收式衰减器，如图 1-20 所示。

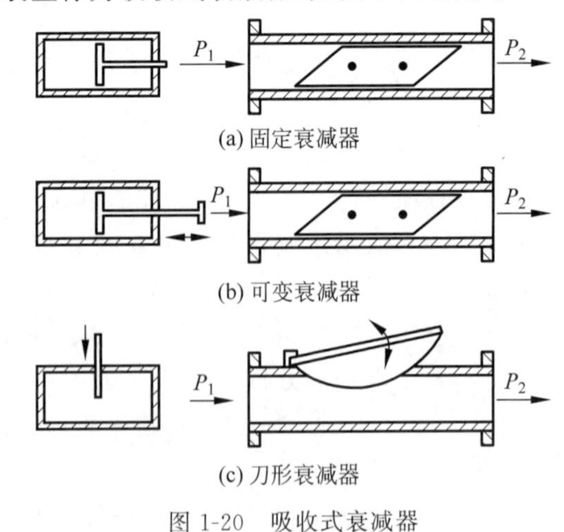

(a) 固定衰减器

(b) 可变衰减器

(c) 刀形衰减器

图 1-20　吸收式衰减器

图 1-20(a)中吸收片做成两端呈尖壁形的薄片,固定安装在波导内,构成固定衰减器。

图 1-20(b)为可变衰减器的结构。

图 1-20(c)为刀形衰减器,是可变衰减器的一种。它的吸收片呈刀形,从矩形波导宽边中央上的无辐射窄缝中插入波导内。

由图 1-20 可见,吸收片不论做成尖臂形还是刀形都是为使波导内的等效阻抗逐渐变化,以减小反射。同时,吸收片的支撑杆应尽量细并具有一定强度。

2. 回旋式衰减器

回旋式衰减器又称极化衰减器,图 1-21(a)为其结构示意图。其主体是一段 TE_{11} 波圆波导,沿中心轴线放置一片可与圆波导一起旋转的吸收片,圆波导的两端各通过方-圆过渡波导与输入和输出 TE_{10} 波的矩形波导相连,在前后两个过渡段中有一片平行于矩形波导宽边的固定吸收片。工作时两边的 1、3 部分保持不动,中间的圆波导段 2 则可绕轴手动旋转。

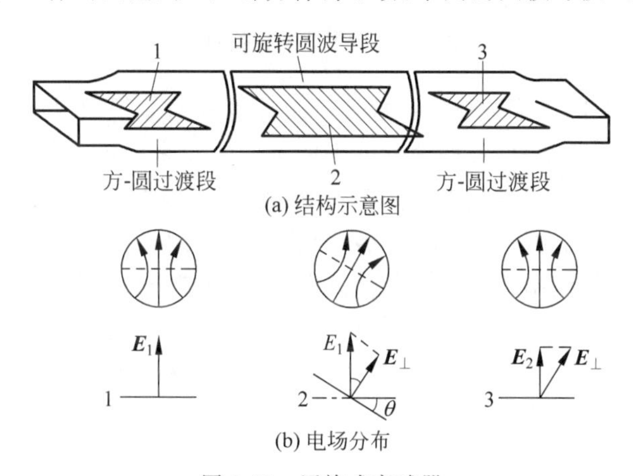

图 1-21 回旋式衰减器

回旋式衰减器属于吸收式衰减器,其衰减量由吸收片 2 的旋转角度 θ 所确定。其工作原理是:当 TE_{10} 波由输入端进入后,由于入射波场强 $\boldsymbol{E}_1$ 与吸收片 1 垂直,故不被吸收地进入圆波导段,如图 1-21(b)所示。当吸收片 2 相对于水平面旋转一个角度 θ 时,$\boldsymbol{E}_1$ 与吸收片 2 的平面既不平行也不垂直,其与吸收片 2 的法线的夹角也为 θ。于是相对于吸收片 2,电场 $\boldsymbol{E}_1$ 可分解为垂直和平行两个分量:$\boldsymbol{E}_\perp=\boldsymbol{E}_1\cos\theta$ 及 $\boldsymbol{E}_{/\!/}=\boldsymbol{E}_1\sin\theta$。其中 $\boldsymbol{E}_{/\!/}$ 被吸收,$\boldsymbol{E}_\perp$ 则可无衰减地通过圆波导段而到达输出端的方圆过渡段。在这里,片 3 平面的法线与 $\boldsymbol{E}_\perp$ 又成 θ 角,$\boldsymbol{E}_\perp$ 又分解为垂直和平行两个分量,其中的水平分量 $\boldsymbol{E}'_{/\!/}=\boldsymbol{E}_\perp\sin\theta=\boldsymbol{E}_1\cos\theta\sin\theta$ 被片 3 吸收掉;垂直分量 $\boldsymbol{E}'_\perp=\boldsymbol{E}_\perp\cos\theta=\boldsymbol{E}_1\cos^2\theta$ 则不受片 3 的影响,即无衰减地通过方-圆过渡段,从矩形波导中输出,因此有

$$\boldsymbol{E}_2=\boldsymbol{E}'_\perp=E_1\cos^2\theta \tag{1-45}$$

衰减器的衰减量定义为输入功率与输出功率之比的分贝值。由于功率正比于电场强度的平方,故有

$$A=10\lg\frac{P_1}{P_2}=10\lg\frac{|\boldsymbol{E}_1^2|}{|\boldsymbol{E}_2^2|}=20\lg\frac{|\boldsymbol{E}_1|}{|\boldsymbol{E}_2|} \tag{1-46}$$

将式(1-45)代入式(1-46)得

$$A=-40\lg|\cos\theta|\ (\text{dB}) \tag{1-47}$$

1.3.4 微带线

微带线是当前射频电路中使用最为广泛的一种传输线，微带线可以认为是由平行传输线发展而来的，如图 1-22 所示。

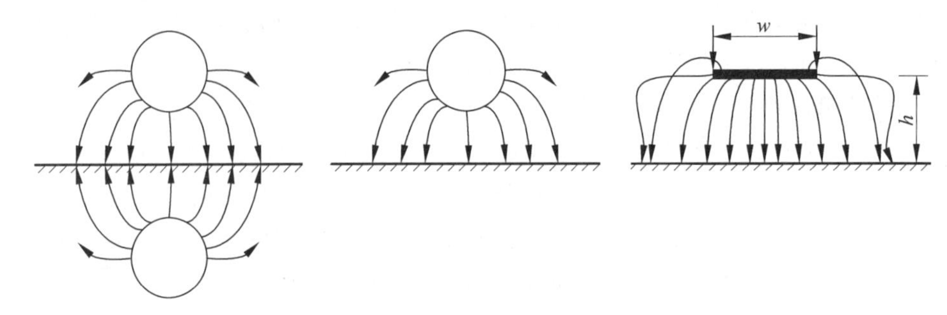

图 1-22 微带线的演变过程

在平行双导线两个圆柱形导体中心放置一个导电平面使得双导线成对称状态，同时使得导电平面与全部电力线垂直，从而使导电平面不影响原来的电场结构。然后将平面下侧的导线移走，此时导电平面另一侧电场分布不变，此时上侧圆柱导体与导电平面构成一对传输线。将圆柱导体展开成为带状扁条线敷于介质层的一侧，导电平面作为接地板敷于介质另一侧，此时便构成微带线结构。由于带状线是平面型结构，所以可以很方便地在 PCB 上进行制作。这样不仅能够很容易地通过外接固体射频器件构成各种有源射频电路，而且还可以用微带电路构成完整的电路结构，从而有利于射频电路整体的小型化和集成化。

第2章 常用测量仪表的使用和基本常识

CHAPTER 2

要保证电磁场与微波工程测试系统的质量,不仅要有严格的检测手段,而且也离不开专用的检测仪器仪表。本章将对电磁场与微波测量的一些常用仪器和仪表的原理和操作进行简要介绍,以便在后续的学习、实验中能正确合理地使用这些仪表。电磁场与微波测量和系统测试常用仪表有微波分光仪、频谱分析仪、矢量网络分析仪、微波信号源、微波功率计、示波器、微波测量线和天线测量系统等。

2.1 微波分光仪

微波和光波都是电磁波,都具有波动这一共同性,即能产生反射、折射、干涉和衍射等现象。利用微波分光仪可以验证平面波的传播特点,包括在不同媒质分界面处发生的反射和折射等诸多问题。

2.1.1 DH926B型微波分光仪的部件

微波分光仪各个部件及其连接如图2-1所示。

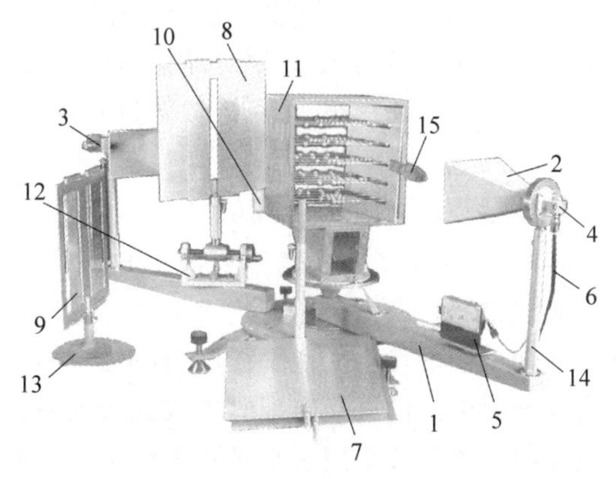

图2-1 微波分光仪各个部件及其连接

图2-1各部件的名称如表2-1所示。

表 2-1 部件名称

序号	名称
1	分度转台
2	喇叭天线(矩形)
3	可变衰减器
4	晶体检波器
5	电流读数机构
6	同轴电缆
7	反射板
8	单缝板
9	双缝板
10	半透射板
11	模拟晶体(模拟晶体及支架)
12	距离读数机构
13	支座
14	支柱
15	模片

下面对微波分光仪的晶体检波器和喇叭天线进行介绍。

1. 晶体检波器

晶体检波器是微波测量中为指示波导(或同轴线)中电磁场强度大小的器件,它将经过晶体二极管检波变成低频信号或直流电流,用直流电表的电流 I 来读数的。从波导宽壁中点耦合出两宽壁间的感应电压,经微波二极管进行检波,调节其短路活塞位置,可使检波管处于微波的波腹点,以获得最高的检波效率。但是晶体二极管是一种非线性元件,亦即检波电流 I 同场强 E 之间不是线性关系,通常表示为

$$I = kE^n \tag{2-1}$$

其中,k,n 是和晶体二极管工作状态有关的参量。如 $n=1$,$I \propto E$ 称为直线律检波,当 $n=2$,$I \propto E^2$ 称为平方律检波。当微波场强较大时呈现直线律,当微波场强较小时($P<1\mu W$)呈现平方律。处在大信号和小信号两者之间,检波律 n 就不是整数。因此,当微波功率变化大时,n 和 K 就不是常数,所以在精密测量中必须对晶体检波器进行校准。此校准在第二部分进行,在本部分实验中,由于微波功率很小,可近似认为 $n=2$,为平方律检波。

2. 喇叭天线

角锥喇叭天线是由矩形波导逐渐张开而形成的。由于矩形波导的主模是 TE_{10} 模,当矩形波导的宽边与大地平行时,与大地垂直的角锥喇叭天线口面上的电场与大地垂直,此时角锥喇叭天线为垂直极化天线,辐射垂直极化波;当矩形波导的宽边与大地垂直时,口面与大地垂直的角锥喇叭天线口面上的电场与大地平行,此时角锥喇叭天线为水平极化天线,辐射水平极化波。发射天线与接收天线的极化匹配时可收到最大的信号,若极化正交则收不到信号。即水平极化天线发射的电磁波要用水平极化天线来接收,垂直极化天线发射的电磁波要用垂直极化天线来接收,这样才能收到最大的信号。注意天线理论中的垂直极化和水平极化与电磁场理论中的垂直极化与平行极化的区别。若以地面为反射面,天线理论中的垂直极化为电磁场理论中的平行极化,天线理论中的水平极化为电磁场理论中的垂直极化。

2.1.2　利用微波分光仪所开展的实验

(1) 电磁波反射和折射实验。
(2) 极化实验。
(3) 迈克尔逊干涉实验。
(4) 单缝衍射实验。
(5) 双缝干涉实验。
(6) 布拉格衍射实验。
(7) 圆极化波的产生和检测。
(8) 圆极化波左旋/右旋实验。

2.2　三厘米固态信号源

DH1121B型三厘米固态信号源是一种使用体效应管作为振荡源的微波信号源(见图2-2),它能长期工作,耗电少,体积紧凑,功率输出较大,价格低廉,能输出等幅信号及方波调制信号,适合于实验室、工厂、教学及工业检测等场合使用。

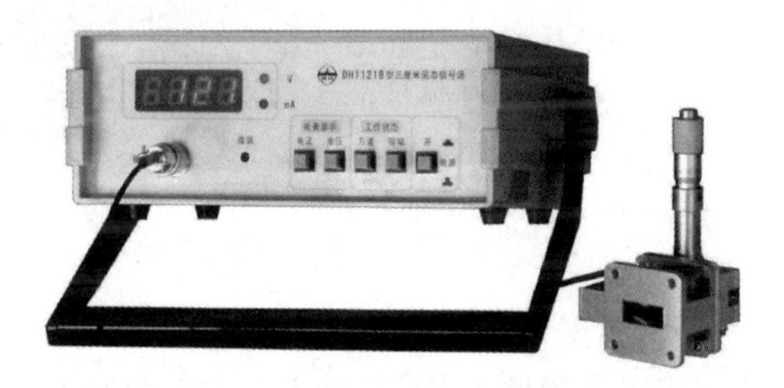

图2-2　仪器的外形

2.2.1　信号源主要技术特性

频率范围：8.6～9.6GHz。
功率输出(等幅工作状态)：不小于20mW。
工作电压：直流+12V。
工作方式：等幅波。
内方波调制重复频率：1000Hz±15%。
输出形式：波导型号BJ-100；法兰盘型号FB-100。
输出电压驻波比：小于1.20。

2.2.2　工作原理

固态信号源由振荡器、隔离器和主机组成。体效应管装在工作于TE_{10}模的波导谐振腔中。调节振荡器的螺旋测微器,可改变调谐杆伸入波导腔的深度,从而连续平滑地改变微波谐振频率。调节位于波导腔前面法兰盘中心处的调配螺钉,可使波导腔与外电路实现最佳耦合。隔离器保证振荡器与负载间的匹配与隔离,使微波输出的频率和功率更加稳定。

通过仪器面板上的按键可方便地选择振荡器的工作方式为连续波或方波调制。三位半数字表实时显示振荡器的工作电压和电流。

三厘米固态振荡器发出的信号具有单一的波长(出厂时信号调在 $\lambda=32.02$mm 上),喇叭天线的增益大约是 20dB,波瓣的理论半功率点宽度大约为:H 面是 20°,E 面是 16°。当发射喇叭口面的宽边与水平面平行时,发射信号电场矢量的偏振方向是垂直的。

可变衰减器用来改变微波信号幅度的大小,衰减器的度盘指示越大,对微波信号的衰减也越大。晶体检波器可将微波信号变成直流信号或低频信号(当微波信号幅度用低频信号调制时)进行观察。

2.3 频谱分析仪

2.3.1 概述

频谱分析仪是一种研究电信号的频谱特性的通用测量仪器,主要用于测量信号的频域特性,包括信号频谱、信号纯度、杂散、谐波、交调、相位噪声、幅频特性、调制度、频率稳定度、信号带宽等,即可以用来测量衰减器、滤波器、放大器、混频器等射频电路的参数。频谱分析仪是进行无线信号测量的必备工具,是从事电子和通信产品的研发、生产、检验以及进行工程测量的常用工具,应用十分广泛,被称为通信工程师的射频万用表。常用的频谱分析仪产品如图 2-3 所示。

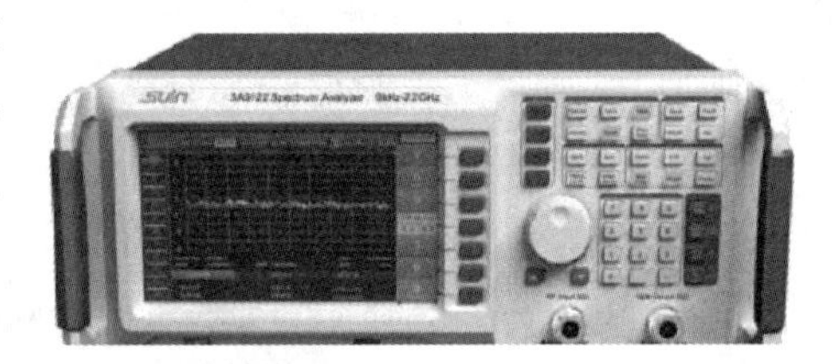

图 2-3 频谱分析仪

本实验采用的频谱分析仪主要特性有:频率范围 9kHz~1.5GHz,频率分辨率 1Hz,扫宽范围 100Hz~1.5GHz,RBW 精确度为设置值的 5%,视频带宽为 1Hz~1MHz,参考电平范围−100~+30dBm 等。

2.3.2 频谱分析仪的主要技术指标

频谱分析仪的主要技术指标包括频率范围、扫描带宽、分辨率带宽、扫描时间、灵敏度、显示方式和假响应等。

(1) 频率范围。频谱分析仪进行正常测量的频率范围。

(2) 扫描带宽(SPAN)。指频谱分析仪在一次测量中能够显示的频率范围,可以小于或等于仪器的频率范围,测量过程中需要根据实际的信号参数进行调整。

(3) 分辨率带宽(RBW)。分辨率带宽是频谱分析仪最重要的技术指标之一,它决定了频谱分析仪在显示器上能够区分出最邻近频率的两条谱线的能力。频谱分析仪的分辨率带宽与滤波器特性、波形因数、扫描带宽、本振稳定度、剩余调频和边带噪声等诸多因素有关,还与扫描时间直接有关。可以设置的 RBW 越窄越好,现代频谱仪的 RBW 可以达到 10~100Hz。

(4) 扫描时间。频谱分析仪完成一次频谱分析所需要的时间,它与扫描带宽和分辨率带宽有密切关系。分辨率带宽相对于扫描带宽越窄(RBW/SPAN 越小),扫描时间越长,这也是在实际测量当中不能将 RBW 设置得过低的原因。

(5) 灵敏度。表示频谱分析仪显示微弱信号的能力,通常会受到频谱分析仪内部噪声的限制。灵敏度越高越好，现代频谱分析仪的灵敏度可以达到－80dBm 以下。

(6) 显示方式。频谱分析仪显示幅度的方式通常有线性显示和对数显示两种，常用的幅度显示方式是对数功率(dBm)。

现代频谱分析仪基本上都是基于快速傅里叶变换(FFT)的数字频谱分析仪，首先通过傅里叶变换将被测信号分解成为独立的频率分量，然后采用数字方法直接由模/数转换器(ADC)对输入信号进行取样，最后经过 FFT 处理后获得频谱分布图。频谱分析仪的主要功能是在频域里显示输入信号的频谱特性。

常用的频谱分析仪是扫描调谐频谱分析仪，其基本结构类似于超外差接收器，基本工作原理是将输入信号经过衰减器后直接外加到混频器，可调变的本地振荡器产生与显示屏同步的随时间作线性变化的本振信号，输入信号与本振信号混频(降频)后输出中频信号，中频信号经过滤波、放大和检波后送到显示屏的垂直方向板，在显示屏上显示出信号幅度与频率的对应关系。影响信号响应的一个重要参数是滤波器的带宽，影响的主要功能就是进行频谱测量时常用的分辨率带宽(RBW)。RBW 表征两个不同频率的信号能够被清楚地分辨出来的最低频率差异，两个不同频率的信号的频率之差如果低于频谱分析仪的 RBW，这两个信号在显示屏上将会重叠在一起，难以分辨。较低的 RBW 有助于不同频率的信号的分辨与测量，但是过低的 RBW 也可能会滤除有用的信号成分，导致信号显示时产生失真，失真度与设定的 RBW 密切相关。较高的 RBW 有助于进行宽带信号的测量，但是将会抬高底噪，降低测量灵敏度，对于检测低电平的信号产生阻碍。设置适当的 RBW 是正确使用频谱分析仪的重要环节。

2.3.3 注意事项

频谱分析仪的输入部分包括信号衰减器和第一混频器，被测信号未经输入衰减器衰减时，加到输入端的电压必须不得超过＋10dBm(0.7V rms)AC 或 DC±25V。当输入衰减器最大衰减时(衰减量为 40dB)，AC 电压不得超过＋20dBm(2.2V rms)，必须保证输入信号幅度不能超过上述极限值，否则输入衰减器或者第一混频器会被损坏。

由于采用超外差原理，在 0Hz 处会出现一根谱线。这是由于第一本振扫过中频而产生的。其显示幅度因仪器而异，超出显示屏幕并不影响使用。

使用时避免显示器调得过亮，否则会降低显示器使用寿命。

2.4 网络分析仪

微波网络都可以用 S 参数来表示其特性。常用来测量 S 参数的设备叫网络分析仪(Network Analyzer)。由于 S 参数为复数，能测量出 S 参数幅度和相位的称为矢量网络分析仪(Vector Network Analyzer)，而只能测量幅度的网络分析仪称为标量网络分析仪(Scalar Network Analyzer)。其中微波网络可以包括有源和无源器件。有源器件如 RF 集成电路、收发组件、晶体管、压控放大器等；无源器件如二极管、各类传输线、滤波器、功分器、定向耦合器、天线、隔离器等。

2.4.1 二端口射频网络参量

一般而言，一个网络可以用 Y、Z 和 S 参数来进行分析和测量，其中 Y 为导纳参数，Z 为阻抗参数，S 为散射参数。导纳参数和阻抗参数一般用于集总参数电路的分析即低频电路分析，而作为建立在入射波、反射波关系基础上的 S 参数，则适合于射频电路分析。

一个射频二端口网络，该网络的各个端口与各种传输线相连接。网络各端口上场的分布是由入射波与反射波叠加形成的。双端口网络中的归一化入射波电压和反射波电压可以由式(2-2)表示为

$$\left.\begin{aligned} b_1 &= S_{11}a_1 + S_{12}a_2 \\ b_2 &= S_{21}a_1 + S_{22}a_2 \end{aligned}\right\} \tag{2-2}$$

式中，b_1，b_2 分别为端口 1 和端口 2 的归一化反射波电压；a_1，a_2 分别为端口 1 和端口 2 的归一化入射波电压。

将式(2-2)改写为矩阵形式得

$$\begin{bmatrix} b_1 \\ b_2 \end{bmatrix} = \begin{bmatrix} S_{11} & S_{12} \\ S_{21} & S_{22} \end{bmatrix} \begin{bmatrix} a_1 \\ a_2 \end{bmatrix} \tag{2-3}$$

式(2-3)中矩阵 $\begin{bmatrix} S_{11} & S_{12} \\ S_{21} & S_{22} \end{bmatrix}$ 即称为散射矩阵或散射参量，其中 S_{11}、S_{12}、S_{21}、S_{22} 四个散射参量表示意义如下。

(1) $S_{11} = \left.\dfrac{b_1}{a_1}\right|_{a_2=0}$ 为 2 端口匹配条件下 1 端口的电压反射系数。

(2) $S_{12} = \left.\dfrac{b_1}{a_2}\right|_{a_1=0}$ 为 1 端口匹配条件下 2 端口到 1 端口的反向电压传输系数。

(3) $S_{21} = \left.\dfrac{b_2}{a_1}\right|_{a_2=0}$ 为 2 端口匹配条件下 1 端口到 2 端口的正向电压传输系数。

(4) $S_{22} = \left.\dfrac{b_2}{a_2}\right|_{a_1=0}$ 为 1 端口匹配条件下 2 端口的电压反射系数。

显然，S 参数是利用器件端口的反射信号以及从该端口传向另一端口的信号来描述射频电路的网络特性。

2.4.2 多端口射频网络参量

由二端口网络的讨论不难得出多端口射频网络中各端口归一化入射波电压与归一化反射波电压关系矩阵的表示式为

$$\begin{bmatrix} b_1 \\ b_2 \\ \vdots \\ b_n \end{bmatrix} = \begin{bmatrix} S_{11} & S_{12} & \cdots & S_{1n} \\ S_{21} & S_{22} & \cdots & S_{2n} \\ \vdots & \vdots & \vdots & \vdots \\ S_{n1} & S_{n2} & \cdots & S_{nn} \end{bmatrix} \begin{bmatrix} a_1 \\ a_2 \\ \vdots \\ a_n \end{bmatrix} \tag{2-4}$$

由式(2-4)多端口网络各散射参量意义如下。

(1) S_{ii}：i 端口以外的所有端口均匹配条件下 i 端口上的电压反射系数。

(2) S_{ij}：j 端口外的所有端口均匹配条件下 j 端口到 i 端口的电压传输系数。

2.4.3 网络分析仪的测量原理

网络分析方法又称为"黑盒"测试法,在使用它对射频电路进行分析时并不需要关心射频电路中具体的组成元件,而只是关注射频电路的整体性能,分析射频系统的整体传输特性。

网络分析仪的原理框图如图 2-4 所示,主要包括 4 部分:激励(信号)源、信号分离装置、接收机和处理/显示器。

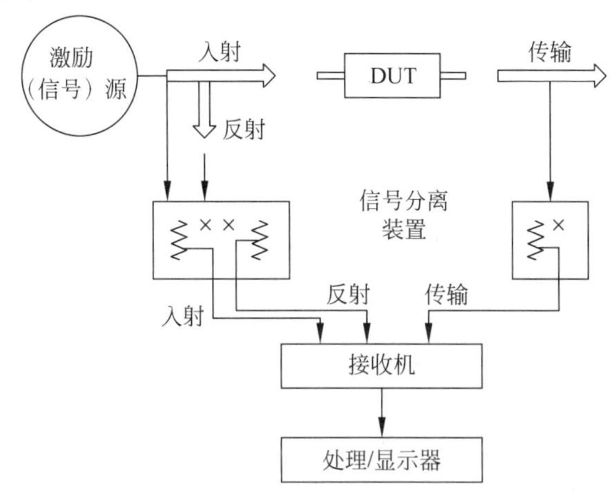

图 2-4 网络分析仪的基本结构

1. 激励(信号)源

激励(信号)源提供激励用于激励-响应测试系统中,它们或是频率扫描源,或是功率扫描源。传统的网络分析仪使用独立源,可以是廉价的开环电压振荡器(VCO)或是昂贵的综合扫频振荡器。

2. 信号分离装置

信号分离装置是网络分析仪的重要组成部分,它必须有两种功能:第一是测量入射信号的一部分作为求比值的参考,这可由功分器或是定向耦合器完成。

功分器通常都是电阻性的,是无定向的器件,具有很宽的频带,缺点是每臂通常有 6dB 或是更大的损耗。而定向耦合器则具有很低的损耗、好的隔离度与定向性,但是定向耦合器很难工作到低频,在低频应用的时候可能是个问题。

3. 接收机

采用调谐接收机能提供最好的灵敏度和动态范围,还可以抑制谐波和寄生信号。窄带中频滤波器产生相当低的本底噪声,结果可以显著地改善灵敏度。并且,通过增加输入功率、减小中频带宽或是利用平均可改善测量的动态范围。

4. 处理/显示器

网络分析仪中所用的最后一个主要的模块是显示处理,大多数网络分析仪都具有相类似的特点,诸如线性扫描和对数扫描、线性格式和对数格式、极坐标图、Smith 圆图等。

2.4.4 *S* 参数测量原理和优点

S 参数具有如下的优点。

(1) 增益、损耗和反射系数在微波射频上是比较熟悉的参量,概念简单明了。

(2) 应用在电路分析程序中时能确切描述表征元件特征。

(3) 用通常的反射和传输系统能方便地测量。

(4) 分析方便,能用信号流图技术来分析处理。

测量中,双口网络用 4 个 S 参数来表示其端口特性,如图 2-5 所示。

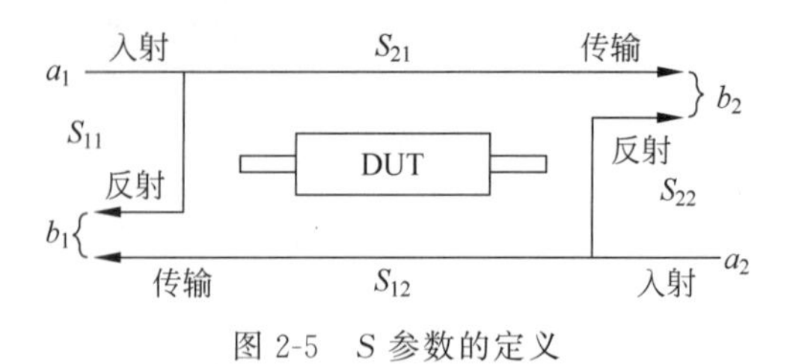

图 2-5 S 参数的定义

图 2-5 的 a 表示进入器件的能量,b 表示离开器件的能量。S 参数建立了输入与输出端口之间的能量关系,它是频率 f 的函数,可以用两个简单的线性方程来表示:

$$\begin{cases} b_1 = S_{11}a_1 + S_{12}a_2 \\ b_2 = S_{21}a_1 + S_{22}a_2 \end{cases} \Rightarrow \begin{cases} S_{11} = \left.\dfrac{b_1}{a_1}\right|_{a_2=0} \\ S_{21} = \left.\dfrac{b_2}{a_1}\right|_{a_2=0} \end{cases} \tag{2-5}$$

当被测元件终端连接匹配负载 Z_0 的时候,$a_2=0$,也就是端口 2 匹配,此时可以求出 S_{11} 与 S_{21},同样令 $a_1=0$,可以求解获得 S_{22} 和 S_{12}。一般来说,它们都是复数,即包含幅度和相位。由图 2-5 可以直观地看出 S 参数的物理概念,S_{11} 的幅度也就是器件输入端的反射系数,而 S_{12} 的大小则表示器件的增益或损耗。

2.4.5 S 参数的测量误差

在 S 参数测量中,由于用了功分器、定向耦合器以及开关等微波器件,这些器件的性能往往是不理想的。例如,它们的阻抗不是理想的 50Ω,而是随频率的变化而变化;这些部件对传输的信号往往也有一定的衰减和相移,并且随着频率而变化。因此,测量时不可避免存在系统误差。为了保证测量结果的准确,必须进行误差修正和校准。

1. 单端口网络

在单端口测量的时候,只需要测量三种误差即可:方向性误差 E_{DF}、反射信号通路的跟踪误差 E_{RF} 和源失配误差 E_{SF}。

(1) 方向性误差 E_{DF}。单端口测量时,RF 的信号流图如图 2-6 所示。其中 S_{11A} 是实际被测件(DUT)的反射信号。但是在实际测量中,由于器件(这里主要是定向耦合器)的不理想性,在测量的信号中有一小部分在经 DUT 反射前就通过定向耦合器的隔离口泄漏到了耦合口,这样耦合口的信号就包含了漏过去的部分,这就给 S_{11A} 的测量引入了误差。

(2) 频率响应误差 E_{RF}。在实际测量中,定向耦合器和 DUT 之间不免有转换接头,这种接头也不是完全匹配的。因此,即使将 DUT 换成短路器,看到的系统频率响应也不是一条直线,而是在直线上有随频率抖动的小波纹。这些波纹是由功分器、定向耦合器、转换接头和测试电路等部件的频率响应特性造成的频响误差。频率响应误差也称为频率跟踪误差,其随频率变化而变化。因此当最为理想时,也就是无频率响应误差时 $E_{RF}=1$。

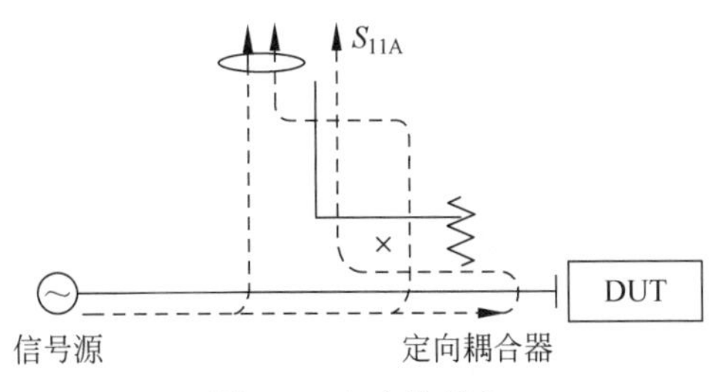

图 2-6　方向性误差

(3) 源失配误差 E_{SF}。实际 S 参数测量系统并不是完全理想匹配，反射测量的时候，从 DUT 向信号源方向看去的等效源发射系数不会完全等于零。这样由 DUT 发射的信号中有一部分信号将会在 DUT 和源之间来回反射，使 S_{11A} 的测量产生误差。

(4) 误差模型。上面讨论的反射参数测量中存在各项系统误差，必须在测量过程中消除其影响。单端口网络的误差模型可以表示为如图 2-7 所示。S_{11A} 为 DUT 实际的反射系数，为待测量，而 E_{SF}、E_{RF}、E_{DF} 为系统误差，S_{11M} 为测量值。

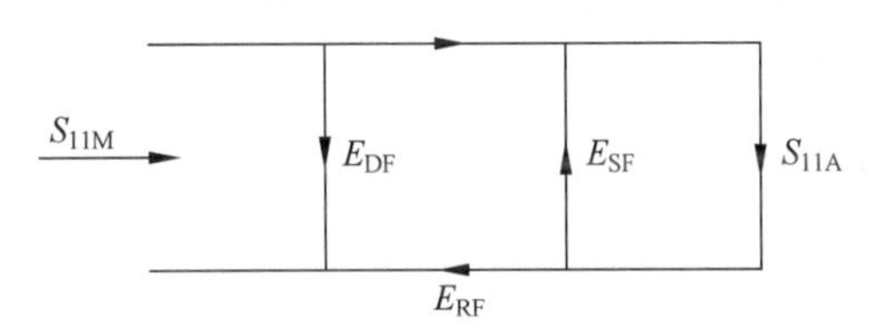

图 2-7　单端口网络的误差模型

从图中可以看出 $S_{11M}=b_1/a_1$。

运用 Mason 不接触环路法则(Mason 法则)，可以得到

$$S_{11M}=E_{DF}+\frac{S_{11A}E_{RF}}{1-E_{SF}S_{11A}} \tag{2-6}$$

因此，为了求解 S_{11A}，需要联立三个方程才可以求解。首先，连接一个理想匹配终端负载可以直接测量系统的方向性，此时 $S_{11A}=0$，因此

$$S_{11M}=b_1/a_1=E_{DF} \tag{2-7}$$

其余两个误差可以由两个标准件来确定，用短路器的时候，反射系数为 1，相位为 180°，$S_{11A}=-1$，用开路器时，反射系数为 1，相位为 0，$S_{11A}=1$，将其代入式(2-6)得

$$\begin{cases} S_{11M}=E_{DF}+\dfrac{(-1)E_{RF}}{1-E_{SF}(-1)} \\ S_{11M}=E_{DF}+\dfrac{E_{RF}}{1-E_{SF}(1)} \end{cases} \tag{2-8}$$

联立式(2-7)和式(2-8)求解方程，得到修正误差参数 E_{SF}、E_{RF} 和 E_{DF}。

测量值和实际值之间的误差

$$\begin{aligned} \Delta S &= S_{11M}-S_{11A} \\ &= E_{DF}+\frac{S_{11A}E_{RF}}{1-E_{SF}S_{11A}}-S_{11A} \\ &= E_{DF}+S_{11A}E_{RF}(1+E_{SF}S_{11A}+E_{SF}^2S_{11A}^2+\cdots)-S_{11A} \end{aligned} \tag{2-9}$$

忽略高次项，并且 $E_{RF}\approx 1$，可得

$$\Delta S \approx E_{DF} + S_{11A}(E_{RF}-1) + E_{SF}S_{11A}^2 \tag{2-10}$$

当 DUT 反射系数比较小的时候，方向性误差的影响是主要的，当 DUT 反射系数比较大的时候，源失配误差则为主要的影响因素。

2. 双端口网络

上面讨论了单端口网络的误差校准，下面讨论传输参数测量过程中的误差模型。与信号泄漏有关的误差是定向性 ED 和串扰 EX，与信号反射有关的误差是源失配 ES 和负载失配 EL，最后一类误差与接收机的频响有关，称为反射 ER 和传输跟踪误差 ET。

其中方向性误差、源失配误差和反射信号通路的跟踪误差已经在单端口误差校准中介绍过了。串扰误差 EX 是由于隔离器的不理想性引起的，而在双端口网络的另一端口接入的负载也将会产生如同源失配一样引起的信号反射，从而产生负载失配误差 EL，在传输信号通路上，器件的不理想性也将引起传输通路的频率响应误差 ET。并且，双端口网络存在正向(Fwd)和反向(Rev)测量的问题，因此二端口网络包括正向 6 项和反向 6 项误差，总共有 12 项误差，因此通常将二端口校准成为 12 项误差修正，如图 2-8 所示。

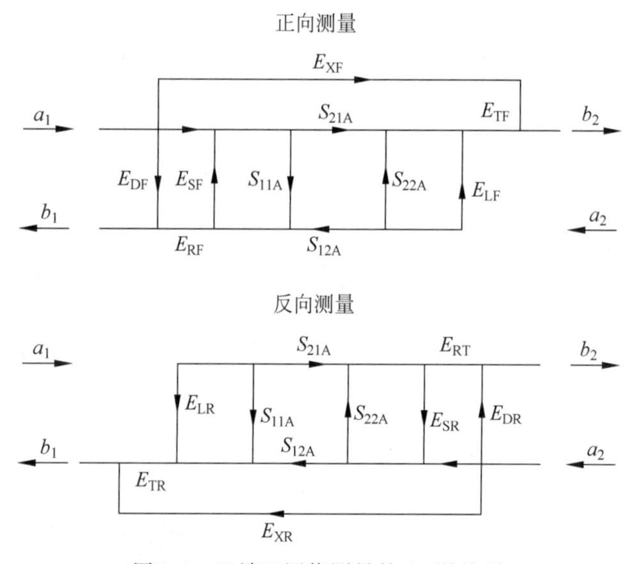

图 2-8 双端口网络测量的 12 误差项

在修正系统误差后，S 参数测量的精度会有很明显的提高。然而，在实际的系统中，每次校验 12 项误差又是一件非常费时的工作。对一般电路设计来说，在对 S 参数精度要求不是很高的时候，只要做简单的误差校准就可以了，也就是只校准 T_{RF}、T_{RR}、T_{TF} 和 T_{TR} 四项频响误差。这种简单的误差校准忽略了方向性、源失配和负载失配等系统误差对测量结果的影响。

2.4.6 矢量网络分析仪工作注意事项

1. 校准连接器件的精心选择

要获得正确的测量结果，校准件(负载、开路、短路)、适配器(双阳、双阴、阴阳)、连接器及测量连接电缆等都必须具有优良的性能，即上述校准连接器件的反射要比被测样品的反

射小得多(即回波损耗大 10dB,至少也得大 6dB)。举例来说：如果被测样品的回波损耗要求大于 20dB,则校准连接器件的回波损耗则要大于 30dB,至少也要大于 26dB,即反射约为之前的二分之一。

2. 如何精确测量较大长度电缆的衰减(损耗)

具有较大长度(电延迟)的电缆,它们在测量时需注意一些特别的问题。长电缆的测量要选择正确的扫描时间,否则会使测量结果产生误差。在较快的扫描速度下,矢量网络分析仪的幅度响应会下降或看起来失真,表现为电缆比它实际的损耗大得多,在较慢的、合适的扫描速度下,测量结果才会正确。

2.5 微波功率计

DH4861B 功率计是一台可用于直接测量连续或脉冲调制的射频平均功率的测量仪器,如图 2-9 所示。

2.5.1 技术特性

(1) 频率范围：8.6～9.6GHz。

(2) 功率范围：100μW～100mW。

(3) 电压驻波比：$S\leqslant1.5$。

(4) 指示器分挡：10mW、100mW 两挡。

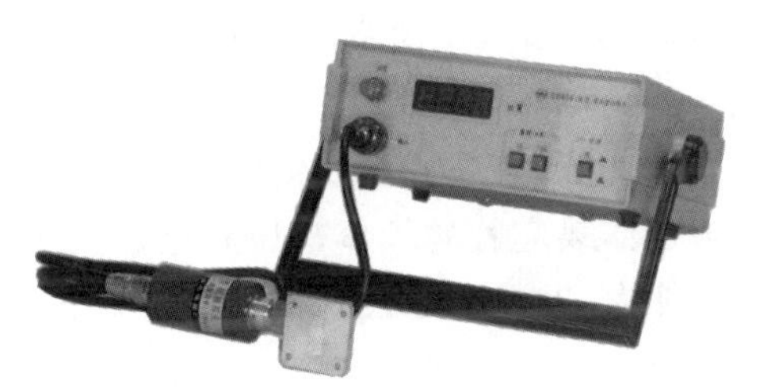

图 2-9　微波功率计外观

2.5.2 工作原理

DH4861B 功率计由功率探头和指示器两部分组成。功率探头是一个依据能量守恒定律,将微波功率线性地转换成直流电压的换能器。指示器是一台高增益、高稳定、低噪声的直流电压放大器,放大功率探头供给的微弱信号,用数字电压表显示功率值。

1. 探头

1) 同轴传输线部分

主要作用是通入被测射频信号,阻隔热电元件产生的直流信号。

2) 被测射频直流转换部分

主要由热电元件及匹配的散热元件组成,热电元件采用真空镀膜技术,在介质薄膜上形成铋锑材料的热电偶堆,在同轴结构的电磁场中,它既是终端的吸收负载,又是热电转换元件,电磁波从同轴传输线部分输出,消耗在热电元件上,使热电堆上两个热节点的温度上升,产生与所加射频能量成正比的热电动势。该电势送入指示器进行放大,做读数的指示。

2. 功率指示器

指示器实质上是一台高稳定性低噪声直流电压表。电路是由二级放大器和一级跟随器构成。

2.5.3 注意事项

(1) 接地。该测量仪器必须使用三线供电,并且要把后面板接线柱与测试系统连接,否则机壳之间的感应电势容易损坏功率探头。为避免射频信号源或其他设备两线供电,使仪器外壳带静电而烧毁功率探头,使用时务必注意系统接地。

(2) 根据被测功率电平选用适当量程开关，务必注意在不知被测功率值大小时，增加适量衰减初步确定被测功率范围，然后用探头精测。注意在测试中不要大范围调节信号源频率，以免某频率点输出功率超过额定功率而损坏探头，也不要在接有探头的情况下开关信号源电源，否则很可能由于某些信号源在开关机时有一个很大的自激脉冲输出而损坏探头，在接入扫频系统进行动态测试中，必须注意稳幅可靠，频段内所有功率峰值不得超过额定功率。

(3) 接通电源预热半小时。

(4) 调零。调节旋钮使数字表指示为零，换量程时须拧下功率探头，重新调零。

(5) 读数。数字表头显示数，即为实测功率读数。

(6) 测试完毕，取下功率探头，关机。

2.6 微波信号源

DH1121C 型微波信号源由振荡器、可变衰减器、调制器、驱动电路及电源电路组成(见图 2-10)。该信号源可在等幅波、窄带扫频、内方波调制方式下工作，并具有外调制功能。在教学方式下，可实时显示体效应管的工作电压和电流关系。仪器输出功率大，以数字形式直接显示工作频率，性能稳定可靠。

图 2-10 仪器的外形

2.6.1 主要技术特性

(1) 频率范围：8.6～9.6GHz；频率显示误差：±40MHz。

(2) 输出功率：>20mW。

(3) 工作状态及参数。

① 内方波调制：重复频率：1000Hz；精度±15%，不对称度：±20%。

② 外调制：a) 极性：正或负；b) 幅度：(5～40V)P－P；c) 宽度：0.2～3μS；d) 频率：300～3000Hz。

③ 窄带扫频：扫频宽度不小于 50MHz，连续可调。

④ RF 输出接口：N 型 50Ω 同轴接头座。

⑤ 扫描输出：BNC 型接头座，锯齿波输出，幅度 1～10V。

2.6.2 工作原理框图

微波信号源工作原理如图 2-11 所示。

1. 振荡器

仪器采用工作于 TEM 模的二分之一波长同轴腔作为体效应管的谐振腔体。微波变容管在扫描电路的驱动下振荡器实现窄带扫频，通过精密机械传动装置和数/模变换将非接触活塞的位移转换为相应的频率读数。

2. 可变衰减器

通过改变吸收体插入平板同轴线中的深度，改变吸收微波功率的多少，达到调节输出功

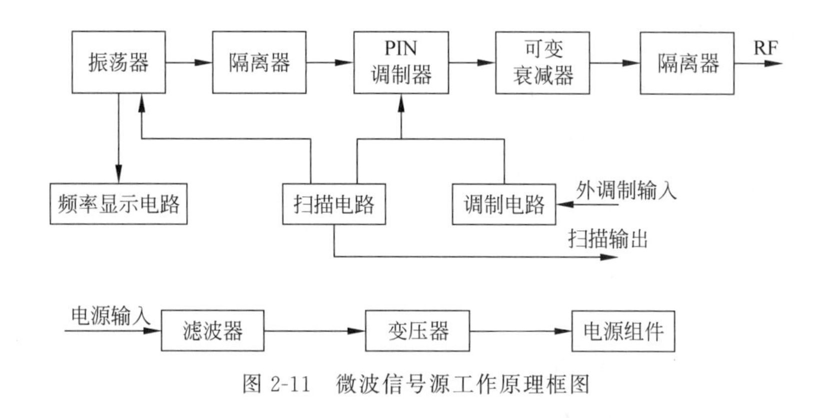

图 2-11　微波信号源工作原理框图

率的目的。

3. PIN 调制器

利用 PIN 二极管在直流正、反(零)偏压下,呈近似导通或断开的阻抗特性,实现对微波信号的方波或脉冲调制。PIN 调制器具有调制深、反应快、波形好的优点。

4. 输出端口

N 型 50Ω 同轴接头座。具有较低的电压驻波比及与外电路的足够隔离。

5. 调制电路

调制电路由方波发生器、外调制信号输入电路、调制驱动电路组成,整个电路工作稳定可靠。对外调制信号适应性强。

6. 扫频驱动电路

由锯齿波发生器、同步输出电路、消隐电路组成。

7. 电源部分

包括变压器、整机电源集成板、散热器、电源滤波器等。本机所用的振荡器采用了稳压稳流的电源,其他各组直流电压均采用三端集成稳压器,其特点是:这些稳压器均带有过流、过热保护和调整管安全工作区保护电路,因此工作稳定可靠,自保护性强。

2.6.3　仪器的面板及功能

1. 数字表

1) 频率表

在点频工作时,显示等幅波工作频率,在扫频方式下,为扫频中心频率,教学方式下此表黑屏。

2) 电压表

显示体效应管的工作电压,常态时为 12.0V±0.5V。教学方式下可通过“电压调节”钮调节。

2. 频率调节钮

用来调节振荡器频率,顺时针频率升高,逆时针频率降低。数字表实时显示工作频率。

3. 功率调节钮

用来调节输出信号的大小。

4. 扫频宽度调节钮

用来调节扫频范围。

5. 输出端口

输出微波信号。

6. 外调制输入

用来输入外调制信号,控制 PIN 调制器,实现外部信号对微波信号的调制,注意:外调制信号的极性要与“工作方式选择键”中的“外调制”极性相对应。

7. 扫描输出

输出锯齿波扫描信号,用于驱动示波器水平扫描。

2.6.4 仪器的具体操作步骤

(1) 接上电源线,连接好系统的地线。

(2) 将“工作方式选择键”置于除“教学”方式外的任意位置,打开电源,面板上所有的显示部分均应有显示。频率表显示频率,电压表显示体效应管的工作电压,应为 12.0V±0.5V。电流表显示体效应管的工作电流,正常情况下应为 200～500mA。按要求预热 30 分钟。

(3) 根据需要将“工作方式选择键”相应按键按下,仪器即可在等幅、方波、外调制+、外调制－及教学方式下工作,外调制工作方式时,输入的外调制信号应符合技术要求,极性要与“工作方式选择键”中的“外调制”极性相对应。

(4) 在教学方式下(频率表黑屏),可通过“电压调节钮”调节体效应管的工作电压。该电压由电压表显示,可在 0～13.0V 范围内连续调节。

由于本仪器的频率调整和显示是通过改变振荡腔体尺寸实现的,在做上述试验时,应保持频率钮不变。在选择教学方式前显示的频率是此时腔体在标准电压下(12.0 V)下的振荡频率。体效应管不宜在高于 12V 的电压下长期工作,否则将影响体效应管的使用寿命。

2.7 波导测量线实验系统

利用微波参数实验系统,使学生通过实验学习并掌握下列基本知识。

(1) 学习各种微波器件的使用和测量方法。

(2) 了解微波在波导中的工作状态及传输特性。

(3) 了解微波传输线场型特性。

(4) 学习驻波、衰减、波长(频率)和功率的测量。

(5) 学习测量微波介质材料的介电常数和损耗角正切值。

测量系统的测试框图如图 2-12 所示。

测量线是测量微波传输系统中电场的强弱和分布的精密仪器。由开槽波导、不调谐探头和滑架组成。在波导的宽边中央开有一个狭槽,金属探针经狭槽伸入波导中。测量线开槽波导中的场由不调谐探头取样,探头的移动靠滑架上的传动装置,探头的输出送到显示装置,就可以显示沿波导轴线的电磁场变化信息。由于探针与电场平行,电场的变化在探针上感应出的电动势经过晶体检波器变成电流信号输出。

测量线外形如图 2-13 所示。

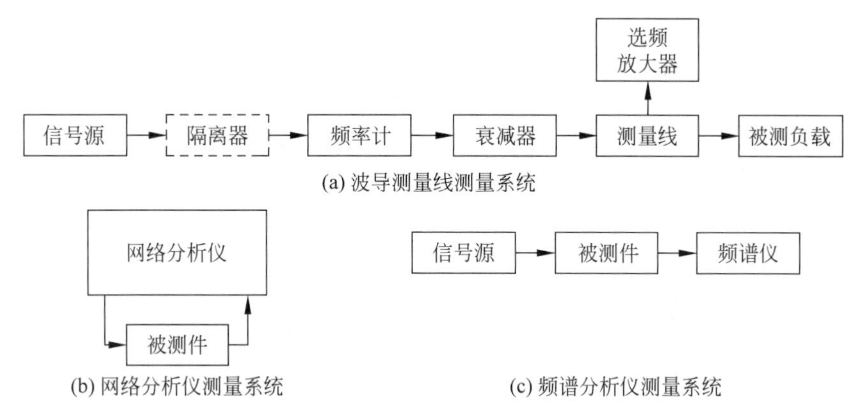

图 2-12　微波测量系统方框图

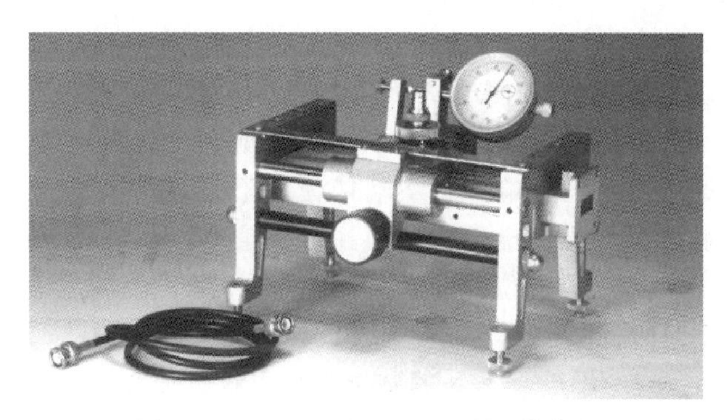

图 2-13　DH364A00 型 3cm 测量线外形

测量线波导是一段精密加工的开槽直波导，开槽位于波导宽边的正中央，平行于波导轴线，不切割高频电流，因此对波导内的电磁场分布影响很小，此外，槽端还有阶梯匹配段，两端法兰具有尺寸精确的定位和连接孔，从而保证开槽波导有很低的剩余驻波系数。

不调谐探头由检波二极管、吸收环、盘形电阻、弹簧、接头和外壳组成，安放在滑架的探头插孔中。不调谐探头的输出为 BNC 接头，检波二极管经过加工改造的同轴检波管，其内导体作为探针伸入到开槽波导中，因此，探针与检波晶体之间的长度最短，从而可以不经调谐，而达到电抗小、效率高，输出响应平坦。

滑架是用来安装开槽波导和不调谐探头的，其结构如图 2-14 所示。把不调谐探头放入滑架的探头插孔⑥中，拧紧探头座锁紧螺钉⑩，即可把不调谐探头固紧。探针插入波导中的深度，用户可根据情况适当调整。出厂时，探针插入波导中的深度为 1.5mm，约为波导窄边尺寸的 15%。

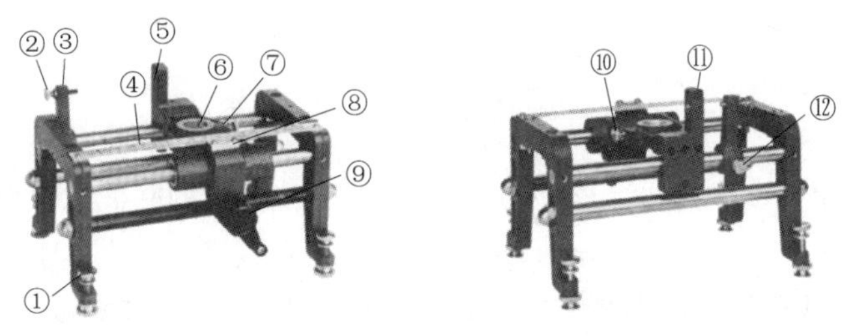

图 2-14　波导测量线结构图

图 2-14 中：

① 水平调整螺钉。用于调整测量线高度。

② 百分表止挡螺钉。细调百分表读数的起始点。

③ 可移止挡。粗调百分表读数。

④ 刻度尺。指示探针位置。

⑤ 百分表插孔。插百分表用。

⑥ 探头插孔。装不调谐探头。

⑦ 探头座。可沿开槽线移动。

⑧ 游标。与刻度尺配合，提高探针位置读数分辨率。

⑨ 手柄。旋转手柄，可使探头座沿开槽线移动。

⑩ 探头座锁紧螺钉。将不调谐探头固定于探头插孔中。

⑪和⑫分别为夹紧螺钉。

在分析驻波测量线时，为了方便起见通常将探针等效成一导纳 Y_u 与传输线并联，如图 2-15 所示。其中 G_u 为探针等效电导，反映探针吸取功率的大小，B_u 为探针等效电纳，表示探针在波导中产生反射的影响。当终端接任意阻抗时，由于 G_u 的分流作用，驻波腹点的电场强度要比真实值小，而 B_u 的存在将使驻波腹点和节点的位置发生偏移。

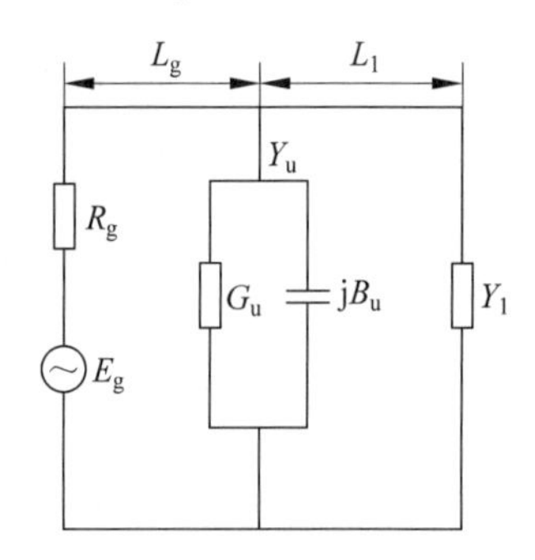

图 2-15 探针等效电路

当测量线终端短路时，驻波节点处的输入导纳 $Y_{in}\to\infty$，驻波最大点 A 及最小点 B 位于 $G_{in}\approx 0$ 的圆上。如果探针放在驻波的波节点 B 上，由于此点处的输入导纳 $Y_{in}\to\infty$，故 Y_u 的影响很小，驻波节点的位置不会发生偏移。如果探针放在驻波的波腹点，由于此点处的输入导纳 $Y_{in}\to 0$，故 Y_u 对驻波腹点的影响就特别明显，探针呈容性电纳将使驻波腹点向负载方向偏移，如图 2-16 所示。

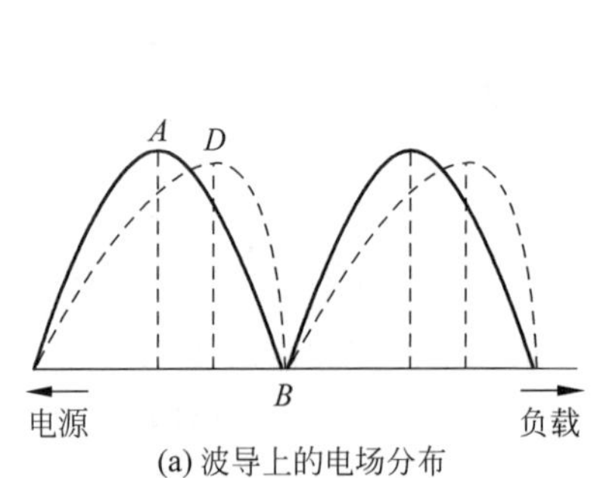

(a) 波导上的电场分布

（注：实线为没有插入探针时，虚线为插入探针时）

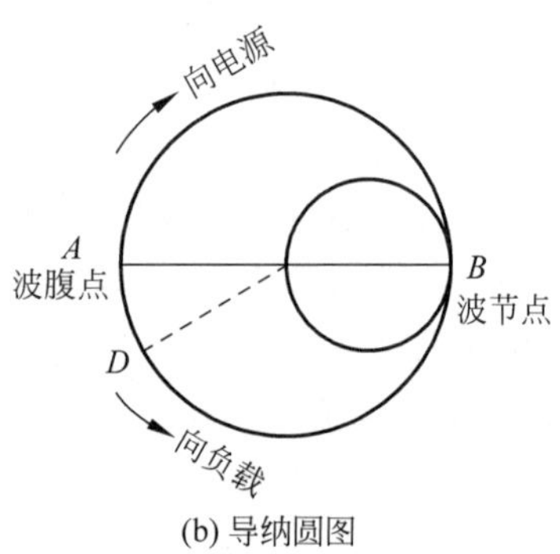

(b) 导纳圆图

图 2-16 探针电纳对驻波分布图形的影响

由于探针引入的不均匀性，将导致场的图形畸变，使测得的驻波波腹值下降而波节点略有增高，造成测量误差。欲使探针导纳影响变小，探针愈浅愈好，但这时在探针上的感应电动势也变小了。通常选用的原则是在指示仪表上有足够指示下，尽量减小探针深度，一般采用的深度应小于波导高度的 10%～15%。

通过调节探针座的调谐电路,可以降低 B_u 所带来的影响。方法是将探针探入适当深度(通常为1.0～1.5mm)后,短路测量系统的终端,然后把探针移至两个相邻波节点的中心点,调节晶体座的调谐活塞,直至输出指示最大,此时 B_u 已减至最小。

注意:

(1) 调谐的过程就是减小探针反射对驻波波形影响和提高测量系统灵敏度的过程,是减小驻波测量误差的关键,必须认真调整。

(2) 当信号源的频率或探针深度改变时,探针等效导纳也会随之改变,必须重新对探针进行调谐。

(3) 当探针沿线移动时,由于制造上不精确等机械原因会使探针有上下左右的晃动,而导致探针与场的耦合发生变化,测得的电场分布也将出现畸变。

2.8 微波测试仪表的选择和防护

2.8.1 测量仪表的选择

选择测试仪表,一般需考虑以下几方面的因素:即确定系统参数、工作频点、工作环境、比较性能要素、仪表的维护。

例如温度因素,当选择仪表时,温度或许是最严格的标准。环境温度也是在选取仪表时经常疏忽的环节;对用户/购买者来讲,选择一台野外现场用仪表,温度标准或许是最严格的。野外现场测量可能是严峻的环境,推荐现场便携式仪表的工作温度应该为－18～50℃,同时储运温度为－40～＋60℃(95%RH),而实验室的仪器仅需在较窄的控制范围5～50℃工作。

2.8.2 测量仪表的防护

高频的微波测量仪表,一般都价格昂贵,正确的防护非常必要。

1. 静电的危害及防护

了解电子测量仪器或微电子的工程师所想到的第一个词,必定是静电放电(Electrostatic Discharge,ESD)。有些元件受ESD损伤后往往在经过一段时间后才失效,使人们难以追踪并确定为ESD引起的损坏。

实际上,人的身体上、衣服上经常带有几百伏到几千伏的静电,只要构成通路,积累的静电就会放电。由于在极短的时间内释放出大量的能量,常常导致电路元件损坏,因为这种放电通常大大超过许多电路元件所能承受的限度。

ESD的基本防护措施如下。

(1) 建立静电有害的牢固意识。

(2) 要把所有的电子器件,电路板都看作是对ESD敏感的。

(3) 在接触元器件/电路板之前先戴上接地手腕环。若一时没有手腕环,可先用手触摸一下接地的机壳或框架等金属表面,以放掉人体上所带的静电。

(4) 拿握元器件/电路板时,不得接触引线和接线片。

(5) 不得在任何表面上滑动敏感元器件。所有元器件/电路板在使用前都应保存在原防静电包装袋内。

2. 静电安全工作区

“静电安全工作区”必须具备以下条件：

(1) 工作台面铺有防静电桌垫并通过 1MΩ 电阻接地，每个工作台垫上须有两个可转动的接头，用于连接防静电腕带。其中一个供操作人员使用，另一个供主管或检验人员使用。

(2) 腕带应与皮肤直接接触，并通过 1MΩ 电阻与桌垫上的连接器相连，不允许用鳄鱼夹夹在桌垫上，因为它的接触面太小，而且也不能接触到内部导电层(连接器是贯穿垫子的)。

(3) 所有设备都要接地。工作台、机械、电气设备、焊台、夹具、放元件的转桌等必须接地。

(4) 任何一个工作区都要有一个公共接地点。接地良好的市电配电盘上的地线端是最好的接地点。设备和桌垫的接地线都与此接地端相连。

(5) 衣服绝对不允许接触元器件及组件。最好穿短袖衣，长袖衣袖子应扣紧或卷起，以防止与敏感元件接触或接近，最好穿上合乎标准的防静电服。

2.8.3 电子测量仪器及其系统的环境要求

电子测量仪器及其系统的安装和操作环境是否良好直接影响到仪器的性能及使用寿命。

1. 电子测量仪器及系统的场地选择

(1) 场地的选择应避免下列诸外界因素，包括电磁场、易燃物或易燃性气体、磁场、爆炸物品、电力杂讯、潮湿气、腐蚀性气体、灰尘等。

(2) 仪器设备安装后应该仍有足够的空间供操作或维修人员使用，同时设备前后左右也应有足够的散热空间。

(3) 场地应保持清洁少尘。

(4) 场地应禁止铺设地毯，仪器设备间的入口处应设置消除静电的脚垫，操作人员在使用仪器时也应佩戴防静电腕带。

(5) 应避免阳光直接照射。

2. 仪器设备的环境规划

为了减少仪器故障和保障设备的性能指标，良好的操作环境规划是必不可少的。环境的考虑因素包括场地的温湿度、空气的含尘量、场地的颤动度、电磁场杂讯干扰度。使用场地附近无线电杂讯干扰应低于使用手册规定的标准。如果场地附近有强力磁场或大型的微波发射机站，应迁移使用场地，否则请将使用场地四周用金属隔离屏蔽，使干扰降至标准之下。

2.8.4 电源规则

安装任何仪器及系统，电源均为重要的考虑因素。外电源品质(指电压、频率变化、滤波效果)愈优则使用效果愈佳。如果对于使用电源品质存有疑虑，可用电源检测器或示波器监测电源的变化情况，以便了解其可靠性。

电压、频率允许变化规范如下。

(1) 电压：单相 220V ＋5％～10％。

(2) 频率：48～66Hz。

瞬间变动电压不能超过 220V±15%，并且必须在 25 个周期(0.5s)内恢复至 220V，对于计算机系统则必须于三个周期内恢复。

2.8.5　接地系统

为了避免仪器设备受到外界电力干扰，同时顾及操作人员的安全，需要有良好的接地系统，其标准如下。

(1) 接地线必须同任何导线完全隔离及绝缘，且仅能在建筑物的真正接地线处与电源中性线(零线)相接。

(2) 接地线直径至少为 3.5mm。

(3) 接地线不是电源中性线(零线)，且必须与中性线分开。

(4) 接地阻抗在电源插座中性线与接地线之间测量时不得大于 2Ω(使用接地阻抗测试器测量)。

(5) 在电源输出插座所测得的零线与地线间的电压不得大于 1.0V，同时无论设备是否开启，电压的变化量不得超过 1.0V。

(6) 不能用铁管代替接地线。

(7) 在接地线的接地端测得的接地电阻不大于 1Ω。

(8) 仪器的机壳大都和仪器自身的地线相连，所以仪器接地不良的直接后果是造成机身带电，这对于操作者和仪器自身都是潜在的危险。

每台仪器至少有一个电源插座。有些仪器可能在其后面板另有附加电源插座，则该插座可供其他外围设备使用，这样就可减少外加的电源插座数量。

电源插座与插头上 L、N、G 分别表示火线、中线(零线)和接地线。

2.8.6　电源选择开关

为了适应不同国家的电源制式，许多仪器上附有电压选择开关(220VAC 或 110VAC)，用户在第一次验收或使用仪器时必须确认仪器上的电源开关设在目前正在应用的电源制式上，否则会造成仪器的非正常损坏。当然，目前越来越多的仪器采用自适应的电源模块，再也不用为电源选择开关的设置而担心了。

2.8.7　额定电流

如果要决定测试系统所需的额定电流，先将系统所包含的各种仪器设备所需电流列出，然后将所有设备电流之和乘以 2，即得出该系统所需的额定电流。该电流值足以容忍突发性的电流波动及供给偶尔添加的设备使用，配电施工时的导线直径的大小尺寸也是据此计算得出。

2.8.8　电源配线工程

电源配线工程施工时，请注意下列 3 点。

(1) 使用专用的开关箱。

(2) 空气开关的容量需大于分路上全部仪器设备容量的总和。

(3) 空调系统不得和测试系统同一电源。

第 3 章 微波传播特性的测量

CHAPTER 3

3.1 电磁波反射和折射实验

3.1.1 实验目的

(1) 熟悉 S426 型分光仪的使用方法。

(2) 掌握分光仪验证电磁波反射定律的方法。

(3) 掌握分光仪验证电磁波折射定律的方法。

3.1.2 预习内容

电磁波的反射定律和折射定律。

3.1.3 实验设备与仪器

S426 型分光仪。

3.1.4 实验原理

电磁波在传播过程中如遇到障碍物,必定要发生反射。假设以一块大的金属板作为障碍物来研究,当电磁波以某一入射角投射到此金属板上时遵循反射定律,即反射线在入射线和通过入射点的法线所决定的平面上,反射线和入射线分居在法线两侧,反射角等于入射角。

电磁波斜入射到两种不同媒介分界面上时会发生反射和折射现象,同时,分界面对电磁波的反射和折射现象与入射波的极化方向有关。

将分界面的法线与入射波构成的平面定义为入射面,入射波与界面法线的夹角定义为入射角,反射波与界面法线的夹角定义为反射角,折射波与界面法线的夹角定义为折射角,如图 3-1 所示。

在电磁场理论中,电场 $\boldsymbol{E}$ 垂直于入射面的电磁波为垂直极化波,电场 $\boldsymbol{E}$ 平行于入射面的电磁波为平行极化波,而任意极化波(包括任意线极化波、圆极化波、椭圆极化波)总可以分解成垂直极化和平行极化两种线极化波的合成。

入射波、反射波、折射波传播方向与法线共面,即 $\boldsymbol{k}_i$、$\boldsymbol{k}_r$、$\boldsymbol{k}_t$、$\boldsymbol{n}$ 共面。电磁波入射到两种媒质分界面时满足反射定律和折射定律。

反射定律:$\theta_i=\theta_r$。

折射定律:$k_1\sin\theta_i=k_2\sin\theta_t$,或者 $n_1\sin\theta_i=n_2\sin\theta_t$。

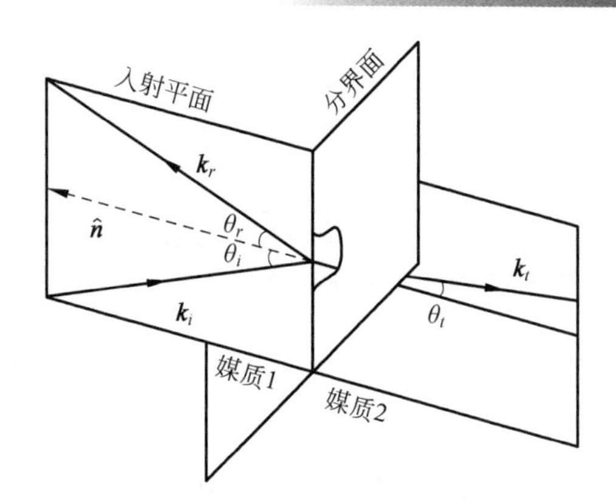

图 3-1 入射平面、入射(反射、折射)角示意图

式中，$k_1=\omega\sqrt{\varepsilon_1\mu_1}=\frac{\omega}{c}n_1$，$k_2=\omega\sqrt{\varepsilon_2\mu_2}=\frac{\omega}{c}n_2$，$n_1=\sqrt{\varepsilon_{r1}\mu_{r1}}$，$n_2=\sqrt{\varepsilon_{r2}\mu_{r2}}$，$\theta_i$、$\theta_r$ 和 θ_t 分别为入射角，反射角和折射角。

若入射波为垂直极化，反射波、折射波也是垂直极化；若入射波为平行极化，反射波、折射波也是平行极化。

1. 平行极化波

如图 3-2 所示，当平行极化平面波从左半空间以入射角 θ_i 斜入射到理想介质分界面时，一部分波被反射，反射角为 θ_r，另一部分波则折射进入右半空间，折射角为 θ_t。

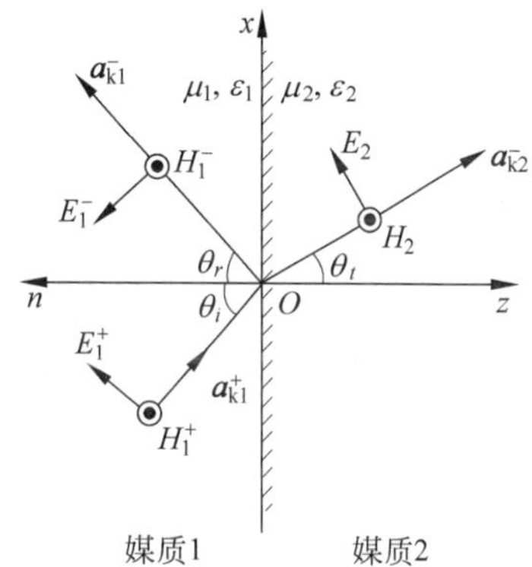

图 3-2 平行极化波斜入射理想介质

入射波：$\boldsymbol{E}_1^+=E_m^+(\boldsymbol{a}_x\cos\theta_i-\boldsymbol{a}_z\sin\theta_i)\mathrm{e}^{-\mathrm{j}k_1(x\sin\theta_i+z\cos\theta_i)}$

$$\boldsymbol{H}_1^+=\boldsymbol{a}_y\frac{E_m^+}{\eta_1}\mathrm{e}^{-\mathrm{j}k_1(x\sin\theta_i+z\cos\theta_i)} \tag{3-1}$$

反射波：$\boldsymbol{E}_1^-=R_{/\!/}E_m^+(-\boldsymbol{a}_x\cos\theta_i-\boldsymbol{a}_z\sin\theta_i)\mathrm{e}^{-\mathrm{j}k_1(x\sin\theta_i-z\cos\theta_i)}$

$$\boldsymbol{H}_1^-=\boldsymbol{a}_y\frac{R_{/\!/}E_m^+}{\eta_1}\mathrm{e}^{-\mathrm{j}k_1(x\sin\theta_i-z\cos\theta_i)} \tag{3-2}$$

折射波：$\boldsymbol{E}_2^t=T_{/\!/}E_m^+(\boldsymbol{a}_x\cos\theta_t-\boldsymbol{a}_z\sin\theta_t)\mathrm{e}^{-\mathrm{j}k_2(x\sin\theta_t+z\cos\theta_t)}$

$$\boldsymbol{H}_2^t=\boldsymbol{a}_y\frac{T_{/\!/}E_m^+}{\eta_2}\mathrm{e}^{-\mathrm{j}k_2(x\sin\theta_t+z\cos\theta_t)} \tag{3-3}$$

式中，

$$\eta_1=\sqrt{\frac{\mu_1}{\varepsilon_1}},\quad \eta_2=\sqrt{\frac{\mu_2}{\varepsilon_2}} \tag{3-4}$$

利用分界面上($z=0$)电场和磁场切向分量连续的边界条件，可得反射定律 $\theta_i=\theta_r$ 以及折射定律为

$$\frac{\sin\theta_t}{\sin\theta_i}=\frac{k_1}{k_2}=\frac{\sqrt{\mu_1\varepsilon_1}}{\sqrt{\mu_2\varepsilon_2}}\xrightarrow{\mu_1=\mu_2=\mu_0}\sqrt{\frac{\varepsilon_1}{\varepsilon_2}} \tag{3-5}$$

当一电磁波穿过如图 3-3 所示的介质板时，由于介质板两侧媒质相同，由折射定律可推得，此电磁波入射到介质板时的入射角与穿过介质板的折射角相等，均为 θ_i。

可计算出平行极化波的反射系数 $R_{/\!/}$ 和折射系数 $T_{/\!/}$ 为

$$R_{/\!/}=\frac{\eta_1\cos\theta_i-\eta_2\cos\theta_t}{\eta_1\cos\theta_i+\eta_2\cos\theta_t} \tag{3-6}$$

$$T_{/\!/}=\frac{2\eta_2\cos\theta_i}{\eta_1\cos\theta_i+\eta_2\cos\theta_t} \tag{3-7}$$

同时，平行极化波的反射系数和透射系数满足关系

$$1+R_{/\!/}=\left(\frac{\eta_1}{\eta_2}\right)T_{/\!/}$$

2. 垂直极化波入射

可得垂直极化波的反射系数和折射系数为

$$R_{\perp}=\frac{\eta_2\cos\theta_i-\eta_1\cos\theta_t}{\eta_2\cos\theta_i+\eta_1\cos\theta_t} \tag{3-8}$$

$$T_{\perp}=\frac{2\eta_2\cos\theta_i}{\eta_2\cos\theta_i+\eta_1\cos\theta_t} \tag{3-9}$$

全折射时没有反射波，发生全折射的条件可通过令反射系数为零得到。对平行极化波斜入射的情形，由式(3-6)令 $R_{/\!/}=0$，可得全折射时的入射角：

$$\theta_i=\theta_B=\arcsin\sqrt{\frac{\varepsilon_2}{\varepsilon_1+\varepsilon_2}}=\arctan\sqrt{\frac{\varepsilon_2}{\varepsilon_1}} \tag{3-10}$$

该入射角称为布儒斯特角，写为 θ_B。可以证明，此时的折射角 $\theta_t=90°-\theta_B$。可见，若电磁波以角度 θ_P 入射到厚度为 d 的介质板表面，则

$$\sin\theta_t=\cos\theta_B=\sqrt{\frac{\varepsilon_1}{\varepsilon_1+\varepsilon_2}} \tag{3-11}$$

这正是电磁波由 2 到 1 的全折射条件。因此，当电磁波以布儒斯特角从介质板的一侧入射时，在介质板的另一侧可接收到全部信号，如图 3-3 所示。

全折射现象只有在平行极化波的斜入射时才会发生，垂直极化波不会发生全折射。

由折射定律式(3-1)可知，波从光密媒质入射到光疏媒质时，必然有 $\theta_t>\theta_i$，而且 θ_t 随 θ_i 的增大而增大。因此，可以找到一个入射角，使其满足 $\theta_t=90°$，即满足关系

$$\sin\theta_i=\frac{\sqrt{\varepsilon_2}}{\sqrt{\varepsilon_1}}=\frac{n_2}{n_1} \tag{3-12}$$

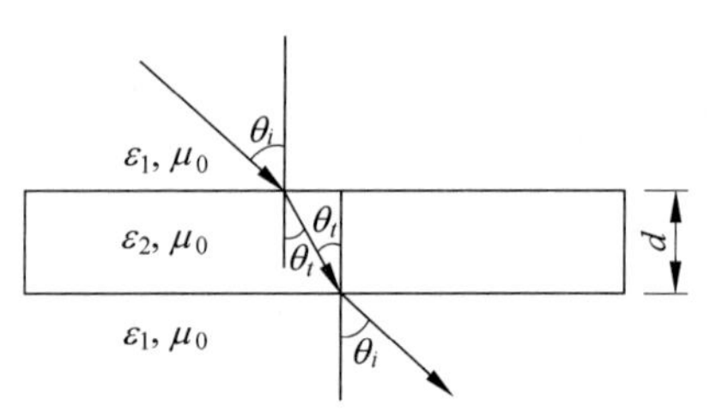

图 3-3 介质板全折射示意图

此时，无论是平行极化波还是垂直极化波，其反射系数的绝对值都等于 1，即波在介质分界面上发生全反射现象。发生全反射现象时的入射角称为临界角，其值为

$$\theta_c=\arcsin\sqrt{\frac{\varepsilon_2}{\varepsilon_1}} \tag{3-13}$$

3.1.5 实验内容与步骤

1. 连接仪器，调整系统

如图 3-4 所示，仪器连接时，两喇叭口面应互相正对，它们各自的轴线应在一条直线上。

指示两喇叭位置的指针分别指于工作平台的90°刻度处，将支座放在工作平台上，并利用平台上的定位销和刻线对正支座（与支座上刻线对齐）拉起平台上四个压紧螺钉旋转一个角度后放下，即可压紧支座。

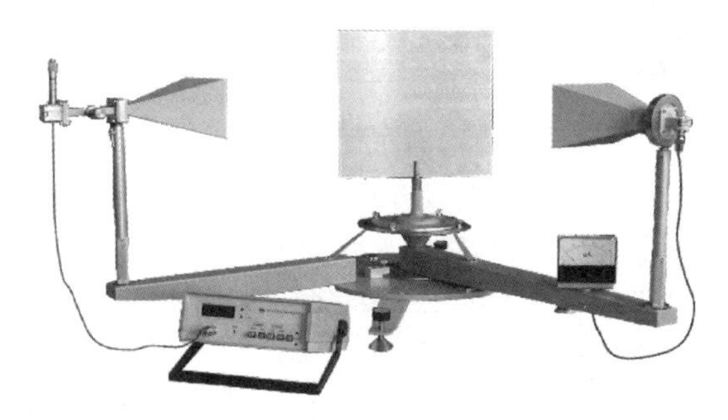

图 3-4 反射实验仪器的仪器布置

2. 电磁波反射实验

（1）连接仪器。如图 3-4 所示为反射实验的仪器布置，连接仪器，调整系统。

（2）调整仪器。仪器连接时，两喇叭口面互相正对，轴线在一条直线上，将工作平台的90°刻度正对发射喇叭（其轴不可转动）的位置指针，固定后调整接收喇叭的转臂，使其位置指针指向工作平台的另一个90°刻度处，则调整结束，轴线在一条直线上。

（3）放上金属板。将支座放在工作平台上，并利用平台上的定位销和90°刻线对正支座（与支座上刻线对齐），拉起平台上的四个压紧螺钉固定支座，放上金属板，调整角度，使得金属板与轴线平行。

（4）测量入射角和反射角。系统调整好后，0°刻度与金属板平面的法线方向一致。旋转工作平台到30°、35°、40°、45°、50°、55°、60°和65°作为入射角（入射角为入射波与反射板法线的夹角），转动接收喇叭的活动臂，观察电流计，寻找极值点，记录反射角。如果入射角太大，接收喇叭有可能直接接收入射波。做这项实验时应注意系统的调整和周围环境的影响。

（5）可通过调整衰减器。调整发射功率，使表头指示超过半偏，接近满量程。

3. 电磁波折射实验

（1）按如图 3-4 所示连接仪器，用与反射实验相同的方法调整仪器，使两喇叭口面的轴线处于同一条直线上，此时两喇叭位置的指针应分别指示于工作平台的90°～90°刻度处。

（2）调整发射、接收喇叭的高低位置，使两喇叭口面互相正对。

（3）将支座放在工作平台上，并利用平台上的定位销和90°刻线对正支座，拉起平台上四个压紧螺钉旋转一个角度后放下，将支座压紧。

（4）将玻璃板放到支座上时，应使玻璃板平面与支座下面的小圆盘上的90°～90°刻线一致。此时小平台上的0°刻度就与金属板的法线方向一致。

（5）转动小平台，将固定臂指针调到30°～65°（为测量方便，调整间隔为5°，即选择30°、35°、40°、45°、50°、55°、60°和65°作为入射角），这时固定臂指针所对应刻度盘上指示的刻度就是入射角的读数。

（6）开启 DH1121B 型三厘米固态信号源。

（7）在与入射喇叭同侧转动活动臂，当电流表显示出最大指示时，活定臂指针所对应刻度盘上指示的刻度就是反射角的读数，同时记录电流计示数。如果此时表头指示太大或太小,应调整系统发射端的可变衰减器,使表头指示超过半偏,接近满量程。

(8) 在玻璃板的另一侧转动活动臂,当电流表显示出的最大指示时,活定臂指针所对应刻度盘上指示的刻度就是折射角的读数,同时记录电流计示数,此时不能调节衰减器。

3.1.6 实验报告

记录实验测得数据,验证电磁波的反射定律。

DH926B型微波分光仪的喇叭天线的增益大约是20dB,波瓣的理论半功率点宽度大约为:H面是20°,E面是16°。可变衰减器用来改变微波信号幅度的大小,衰减器的度盘指示越大,对微波信号的衰减也越大;晶体检波器可将微波信号变成直流信号或低频信号(当微波信号幅度用低频信号调制时)。

1. 金属板全反射实验(见表3-1)

表3-1 实验结果记录

入射角/(°)	30	35	40	45	50	55	60	65
反射角/(°)								

2. 观察介质板(玻璃板)上的反射和折射实验

将金属板换做玻璃板,观察、测试电磁波在该介质板上的反射和折射现象,请自行设计实验步骤和表格,计算反射系数和透射系数,验证透射系数的平方和反射系数的平方相加是否等于1。

3.1.7 思考题

(1) 在衰减器旁边的螺钉有什么作用?

(2) 电磁波的反射和激光的反射有何相同之处和不同之处?

(3) 透射系数的平方和反射系数的平方相加是否等于1?为什么?进行误差分析。

3.2 单缝衍射实验

3.2.1 实验目的

掌握电磁波的单缝衍射时衍射角对衍射波强度的影响。

3.2.2 预习内容

电磁波单缝衍射现象。

3.2.3 实验设备

S426型分光仪。

3.2.4 实验原理

如图3-5所示,当一平面波入射到一宽度和波长可比拟的狭缝时,将发生衍射的现象。在缝后面出现的衍射波强度并不是均匀的,中央最强,同时也最宽。在中央的两侧,衍射波强度迅速减小，直至出现衍射波强度的最小值，即一级极小，此时衍射角 $\theta=\arcsin\dfrac{\lambda}{a}$，其中 λ 为波长，a 为狭缝宽度，两者取同一长度单位。然后，随着衍射角增大，衍射波强度又逐渐增大，直至出现一级极大值

$$\theta=\arcsin\left(\frac{3}{2}\cdot\frac{\lambda}{a}\right)$$

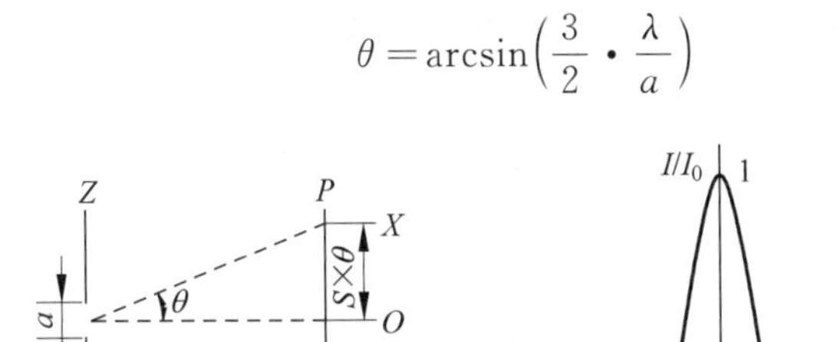

图 3-5　单缝衍射原理

1. 主极大

具有相同 θ 角的屏上部位具有相同的光强，因而屏上的衍射图样是一些相互平行的条纹，它们都平行于狭缝。对于 $\theta=0$ 处，各衍射光线之间由于没有光程差而相干加强，因而此处光强最大。最大光强与狭缝宽度的平方成正比，最大光强又称为主极大或零级衍射斑。

2. 次极大

除了中央主极大外，屏上光强分布还有次极大存在。次极大的位置可通过计算得到为

$$\theta=\pm1.43\pi,\pm2.46\pi,\pm3.47\pi,\cdots$$

通常把次极大的位置近似表示为

$$a\sin\theta=\pm(2k+1)\lambda/2(k=1,2,3,\cdots)$$

这些次极大又称为高级衍射斑。

高级衍射斑的强度比中央零级衍射斑的强度小得多。

3. 暗纹位置

暗纹位置满足关系

$$a\sin\theta=\pm k\lambda(k=1,2,\cdots)$$

4. 明纹的角宽度

规定相邻暗纹的角距离为其间明纹的角宽度，即相邻暗纹间的区域为对应明纹范围，中央主极大的半角宽度为

$$\Delta\theta=\lambda/a$$

不难得到，各次极大的宽度均相等，均等于中央主极大的半宽度。

单缝衍射实验仪器的布置如图 3-6 所示。仪器连接时，预先按需要调整单缝衍射板的缝宽，当该板放到支座上时，应使狭缝平面与支座下面的小圆盘上的某一对刻线一致，此刻线应与工作平台上的 90°刻度的一对线一致。转动小平台使固定臂的指针在小平台的 180°处，此时小平台的 0°就是狭缝平面的法线方向。这时调整信号电平使表头指示接近满度。然后从衍射角 0°开始，在单缝的两侧使衍射角每改变 2°读取一次表头读数，并记录下来，这时就可画出单缝衍射强度与衍射角的关系曲线。根据微波波长和缝宽算出一级极小和一级极大的衍射角，并与实验曲线上求得的一级极小和极大的衍射角进行比较。

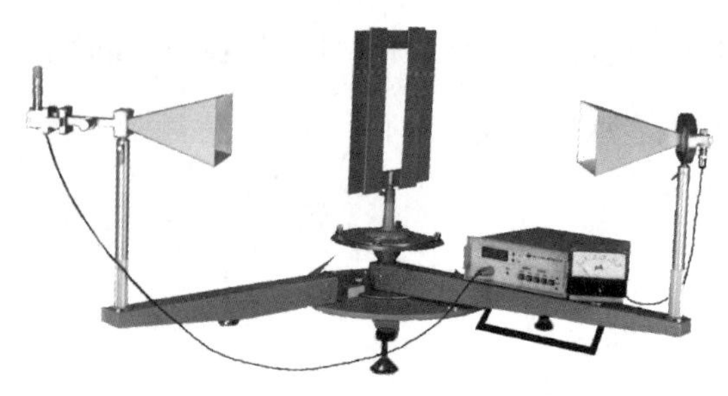

图 3-6 单缝衍射实验仪器的布置

3.2.5 实验报告

1. 实验数据记录

记录实验测得数据，画出单缝衍射强度与衍射角的关系曲线，根据微波波长和缝宽算出一级极小和一级极大的衍射角，与实验曲线上求得的一级极小和极大的衍射角进行比较。

(1) $a=70\text{mm}$，$\lambda=32\text{mm}$(见表 3-2)。

表 3-2 实验结果记录(1)

角度/(°)	左侧衍射强度/μA	右侧衍射强度/μA
0		
2		
4		
6		
8		
10		
12		
14		
16		
18		
20		
22		
24		
26		
28		
30		
32		
34		
36		
38		

续表

角度/(°)	左侧衍射强度/μA	右侧衍射强度/μA
40		
42		
44		
46		
48		
50		
52		

(2) $a=50\text{mm}, \lambda=32\text{mm}$(见表 3-3)。

表 3-3 实验结果记录(2)

角度/(°)	左侧衍射强度/μA	右侧衍射强度/μA
0		
2		
4		
6		
8		
10		
12		
14		
16		
18		
20		
22		
24		
26		
28		
30		
32		
34		
36		
38		
40		
42		
44		
46		
48		
50		
52		

2. 实验数据分析

1）$a=70\mathrm{mm}$，$\lambda=32\mathrm{mm}$

（1）理论一级极小角度：

（2）实验一级极小角度：

（3）理论一级极大角度：

（4）实验一级极大角度：

2）$a=50\mathrm{mm}$，$\lambda=32\mathrm{mm}$

（1）理论一级极小角度：

（2）实验一级极小角度：

（3）理论一级极大角度：

（4）实验一级极大角度：

3. 实验图表分析

理论衍射曲线（归一化后）：

实验 1 的实际图形曲线：

实验 2 的实际图形曲线：

4. 误差分析

3.3 双缝干涉实验

3.3.1 实验目的

掌握来自双缝的两束中央衍射波相互干涉的影响。

3.3.2 预习内容

电磁波双缝干涉现象。

3.3.3 实验设备

S426 型分光仪。

3.3.4 实验原理

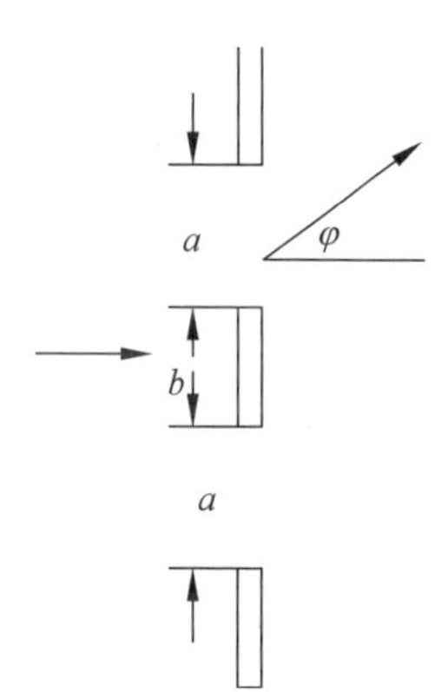

图 3-7　双缝衍射原理图

如图 3-7 所示，如果一平面波垂直入射到一金属板的两条狭缝上，则每一条狭缝就是次级波波源。由两缝发出的次级波是相干波，因此在金属板的后面空间中，将产生干涉现象。当然，平面波通过每个缝也有衍射现象。因此本实验将是衍射和干涉两者结合的结果，主要研究来自双缝的两束中央衍射波相互干涉的结果。这里设 b 为双缝的间距，a 为缝宽，a 接近波长 λ，例如：$\lambda=3.2\text{cm}$，$a=4\text{cm}$，这时单缝的一级极小衍射角接近 53°。因此取较大的 b，则干涉强度受单缝衍射的影响小；反之，当 b 较小时，干涉强度受单缝衍射影响大。

干涉加强的角度为：$\varphi=\arcsin\left(K\cdot\frac{\lambda}{a+b}\right)$，式中 $K=1,2,\cdots$。

干涉减弱的角度为：$\varphi=\arcsin\left(\frac{2K+1}{2}\cdot\frac{\lambda}{a+b}\right)$，式中 $K=1,2,\cdots$。

3.3.5 实验内容与步骤

如图 3-8 所示，仪器连接时，预先按需要调整双缝衍射板的缝宽，当该板放到支座上时，应使狭缝平面与支座下面的小圆盘上的某一对刻线一致，此刻线应与工作平台上的 90°刻度的一对线一致。转动小平台使固定臂的指针在小平台的 180°处，此时小平台的 0°就是狭缝平面的法线方向。这时调整信号电平使表头指示接近满度。然后从衍射角 0°开始，在双缝的两侧使衍射角每改变 1°读取一次表头读数，并记录下来。

由于衍射板横向尺寸小，所以当 b 取得较大时，为了避免接收扬声器直接收到发射扬声器的发射波或通过板的边缘过来的绕射波，活动臂的转动角度应小些。

图 3-8　双缝干涉实验仪器的布置

3.3.6　实验报告

1. 记录实验测得的数据

验证干涉加强和干涉减弱时的角度特点。标注一级极大和一级极小的角度，整理数据，绘制出曲线进行分析。

1）双缝衍射实验（$a=40\text{mm}$，$b=80\text{mm}$，$\lambda=32\text{mm}$（见表 3-4））

表 3-4　实验结果记录(1)

角度/(°)	左侧干涉强度/μA	右侧干涉强度/μA	角度/(°)	左侧干涉强度/μA	右侧干涉强度/μA
0			18		
1			19		
2			20		
3			21		
4			22		
5			23		
6			24		
7			25		
8			26		
9			27		
10			28		
11			29		
12			30		
13			31		
14			32		
15			33		
16			34		
17					

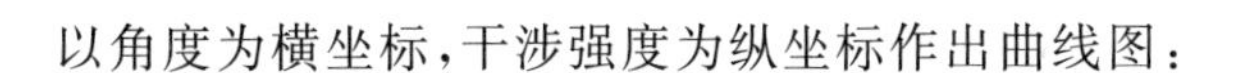

以角度为横坐标，干涉强度为纵坐标作出曲线图：

2）双缝衍射实验（$a=30$mm，b 分别等于 70mm、50mm，$\lambda=32$mm）

（1）$a=30$mm，$b=70$mm，$\lambda=32$mm（见表 3-5）。

表 3-5　实验结果记录（2）

角度/(°)	左侧干涉强度/μA	右侧干涉强度/μA	角度/(°)	左侧干涉强度/μA	右侧干涉强度/μA
0			18		
1			19		
2			20		
3			21		
4			22		
5			23		
6			24		
7			25		
8			26		
9			27		
10			28		
11			29		
12			30		
13			31		
14			32		
15			33		
16			34		
17			35		

以角度为横坐标，干涉强度为纵坐标作出曲线图：

(2) $a=30\text{mm}, b=50\text{mm}, \lambda=32\text{mm}$(见表 3-6)。

表 3-6　实验结果记录(3)

角度/(°)	左侧干涉强度/μA	右侧干涉强度/μA	角度/(°)	左侧干涉强度/μA	右侧干涉强度/μA
0			22		
1			23		
2			24		
3			25		
4			26		
5			27		
6			28		
7			29		
8			30		
9			31		
10			32		
11			33		
12			34		
13			35		
14			36		
15			37		
16			38		
17			39		
18			40		
19			41		
20			42		
21			43		

以角度为横坐标，干涉强度为纵坐标作出曲线图：

2. 数据分析

(1) 当 $a=40\text{mm}, b=80\text{mm}, \lambda=32\text{mm}$ 时，由理论知识可知：

干涉加强的角度为：$\varphi=\arcsin\left(K\cdot\dfrac{\lambda}{a+b}\right)$，式中 $K=1,2,\cdots$。

干涉减弱的角度为：$\varphi=\arcsin\left(\dfrac{2K+1}{2}\cdot\dfrac{\lambda}{a+b}\right)$，式中 $K=1,2,\cdots$。

可知理论的1级极大干涉角和极小干涉角分别为________和________。实验得出的1级极大干涉角和极小干涉角分别为________和________。

(2) 当 $a=30\text{mm}, b=70\text{mm}, \lambda=32\text{mm}$ 时，理论的1级极大干涉角和极小干涉角分别为________和________。实验得出的1级极大干涉角和极小干涉角分别为________和________。

(3) 当 $a=30\text{mm}, b=50\text{mm}, \lambda=32\text{mm}$ 时，理论的1级极大干涉角和极小干涉角分别为________和________。实验得出的1级极大干涉角和极小干涉角分别为________和________。

3.3.7 思考题

(1) 试阐述 a、b 的变化对干涉产生的影响。

(2) 假设 b 趋于0，实验结果的变化趋势将如何？

3.4 迈克尔逊干涉实验

3.4.1 实验目的

掌握电磁波波长的测量方法。

3.4.2 预习内容

迈克尔逊干涉现象。

3.4.3 实验设备

S426型分光仪。

3.4.4 实验原理

微波迈克尔逊干涉测量波长实验的基本原理如图3-9所示，在平面波前进的方向上放置成45°的半透射板。

由于该板的作用，将入射波分成两束波，一束向 A 方向传播，另一束向 B 方向传播。由于 A、B 处全反射板的反射，两列波就再次回到半透射板并到达接收喇叭处，于是接收喇叭收到两束同频率，振动方向一致的两个波。如果这两个波的相位差为 2π 的整数倍，则干涉加强；当相位差为 π 的奇数倍则干涉减弱。因此在 A 处放一固定板，让 B 处的反射板移动，当表头指示从一次极小变到又一次极小时，则 B 处的反射板就移动 $\lambda/2$ 的距离，因此由这个距离就可求得平面波的波长。

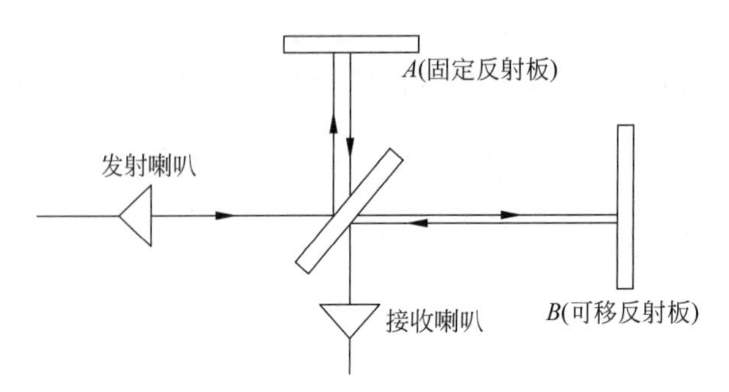

图 3-9 迈克尔逊干涉实验原理

当可移反射板移动通过 $n+1$ 个极小点时,第一个极小点与最后一个极小点之间的距离为 L 时,有

$$L=n\frac{\lambda}{2} \tag{3-14}$$

3.4.5 实验内容及步骤

如图 3-10 所示,使两喇叭口面互成 90°。半透射板与两喇叭轴线互成 45°,将距离读数机构通过它本身带有的两个螺钉旋入底座上,使其固定在底座上,再插上反射板,使固定反射板的法线与接收喇叭的轴线一致,可移反射板的法钱与发射喇叭轴线一致。实验时,将可移反射板移到距离读数机构的一端,在此附近测出一个极小的位置,然后旋转读数机构上的手柄使反射板移动,从表头上测出 $n+1$ 个极小值,并同时从距离读数机构上得到相应的位移读数,从而求得可移反射板的移动距离 L,则由式(3-14)得波长 $\lambda=\frac{2L}{n}$。

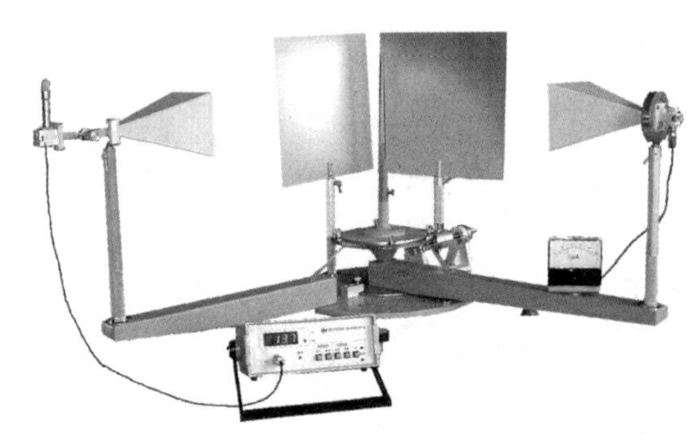

图 3-10 迈克尔逊干涉实验仪器的布置

3.4.6 实验报告

以下是自由空间电磁波波长的测量过程。

(1) 整机进行调整,发射天线和接收天线轴线在同一水平线上。

(2) 开机预热后,调整可变衰减器,使接收端接收机表头接近合适的刻度,接近满值。

(3) 按照图 3-10 所示,安装反射板、透射板,组成迈克尔逊干涉仪,透射板 45°方向。

(4) 将 A、B 反射板法向方向垂直。

(5) 固定 B 反射板,将 B 反射板利用手柄移动到标尺的最左侧或者最右侧,注意固定好。

(6) 开始利用两点法进行测试,旋转手柄使 B 反射板来回移动,测得 5 个最小值,记录这些最小值对应的标尺值 d_1, d_2, d_3, d_4, d_5,求得 $d_5 - d_1$,得到平面波波长 $2\times(d_5-d_1)/4$,见表 3-7。

表 3-7　实验结果记录

	1	2	3
d_1			
d_2			
d_3			
d_4			
d_5			
波长			
平均值			

(7) 根据测得的波长数值,计算传播常数。

(8) 利用频谱分析仪测量电磁波频率,计算出波长,与迈克尔逊干涉仪法测出的波长值进行比较。

3.4.7　实验分析

1) 利用实验结果记录

$$\lambda = \frac{2\Delta d}{n} = \frac{2\times(d_5 - d_1)}{4} \tag{3-15}$$

由式(3-15)计算得到三组波长和平均波长见表 3-8 所示。

图 3-8　两点逐差法的计算结果

波长/mm			
波长平均值/mm			

2) 计算传播常数

传播常数的计算公式为

$$k = \frac{2\pi}{\lambda} \tag{3-16}$$

3.4.8　思考题

(1) 测量波长时,介质板位置如果旋转 90°将出现什么现象?能否准确测量波长?为什么?

(2) 如何测量全折射?

3.5 极化实验

3.5.1 实验目的

验证电磁波的马吕斯定律。

3.5.2 预习内容

线极化波的相关概念和电磁波的马吕斯定律。

3.5.3 实验设备

DH962B 型分光仪。

3.5.4 实验原理

电磁波电场强度的取向和幅值随时间而变化的性质，在光学中称为偏振。如果这种变化具有确定的规律，则称电磁波为某种极化电磁波(简称极化波)。如果极化电波的电场强度始终在垂直于传播方向的(横)平面内，其电场矢量的端点沿一闭合轨迹移动，则这一极化电磁波称为平面极化波。电场的矢端轨迹称为极化曲线，并按极化曲线的形状对极化波命名。极化的类型对于单一频率的平面极化波，极化曲线是一椭圆(称为极化椭圆)，故称为椭圆极化波。顺传播方向看去，若电场矢量的旋向为顺时针，符合右手螺旋法则，称为右旋极化波；若旋向为逆时针，符合左手螺旋法则，称为左旋极化波。

偏振波电磁场沿某一方向的能量有 $\cos^2\theta$ 的关系(见图 3-11)。这就是光学中的马吕斯定律：$I=I_0\cos^2\theta$，式中 I 为偏振光的强度，θ 是 I 与 I_0 之间的夹角。

DH926B 型微波分光仪两喇叭口面互相平行，并与地面垂直，其轴线在一条直线上，接收喇叭和一段旋转短波导连在一起。在旋转短波导的轴承环的 90°范围内，每隔 5°有一刻度，所以接收喇叭的转角可以从此处读出。

如图 3-12 所示，矩形角锥喇叭天线所发射出来的电磁波属于线极化波。若矩形喇叭的宽边与其所接矩形波导的宽边平行，则矩形喇叭口面上电场的极化方向与矩形喇叭宽边垂直，同时，矩形角锥喇叭天线也只能接收与宽边垂直的电磁波。如果两喇叭之间有一个夹角 θ，则接收喇叭所接收到的电磁波的电场和功率分别为

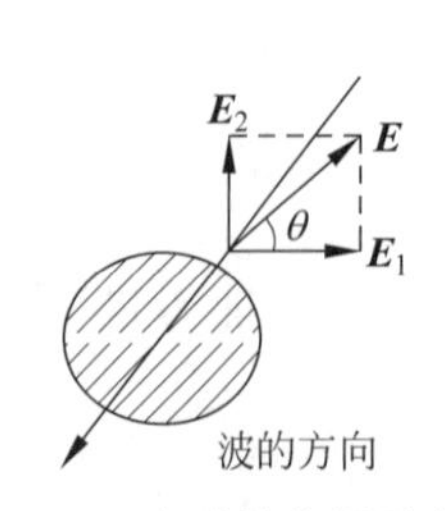

图 3-11 电磁波偏振示意图

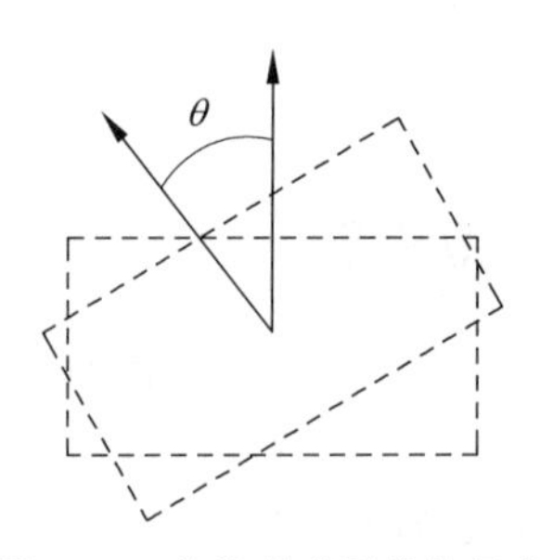

图 3-12 收发喇叭天线的极化

$$E = E_0 \cos\theta$$

$$P = P_0 \cos^2\theta$$

其中,E_0 和 P_0 分别为接收喇叭与发射喇叭极化相同时所接收到的电场和功率。

3.5.5 实验过程及方法

1. 实验装置的安装

DH926B型微波分光仪两喇叭口面互相平行,并与地面垂直,其轴线在一条直线上。由于接收喇叭与一段旋转短波导连在一起,所以旋转喇叭口可以接收到不同角度的极化电磁波信号。

2. 实验步骤

(1) 整机进行调整,使接收与发射喇叭正对,发射天线与接收天线轴线在同一水平线上。

(2) 打开DH1121B型三厘米固态信号源,开机预热后,调整可变衰减器,使接收端接收机表头接近合适的刻度,接近满偏。

(3) 按上述方法进行实验仪器的安装。

(4) 发射喇叭口固定不动,接收喇叭口在旋转短波导的轴承环的90°范围内,每隔5°旋转一次,并记录接收信号的电流强度。

(5) 由马吕斯定律的公式 $I = I_0 \cos^2\theta$ 算出接收信号强度的理论值,并与实际测量值进行比较,验证马吕斯定律。

3.5.6 实验分析

整理数据表格(见表3-9)。

表3-9 实验数据记录

I 值/mA	θ/(°)									
	0	10	20	30	40	50	60	70	80	90
理论值										
实际值										

3.5.7 思考题

(1) 垂直极化波是否能够发生全折射?为什么?给出推导过程。

(2) 本实验中,平行极化和垂直极化可以调节吗?平行极化波如何调节出来,自行设计实验方案,如何验证全折射的原理?

3.6 圆极化波的产生和检测

3.6.1 实验目的

利用线极化波合成圆极化波并进行圆极化波的检测。

3.6.2 预习内容

圆极化波的产生原理,左旋圆极化波,右旋圆极化波。

3.6.3 实验设备

S426 型分光仪,DH30003 型栅网组件。

3.6.4 实验原理

波的极化描述了电场强度矢量在空间某点位置上随时间变化的规律。无论是线极化波、圆极化波或椭圆极化波都可由同频率相互正交的两个线极化波合成。若此两个线极化波同相(或反相),则其合成场的波为线极化波;若相位差为 90°,即 $\Delta\phi=\pm 90°$且幅度相等,合成场波为右旋或左旋圆极化波;若不满足线极化和圆极化波的条件,则为右旋或左旋椭圆极化波。

DH30003 型栅网组件是由两个栅条方向相差 90°的栅网组成。栅网(见图 3-13)是在一金属框架上绕有一排互相平行的金属丝,以反射平行金属丝的电场,DH30003 型栅网组件与 S426 型微波分光仪组合使用可获得圆极化波。

图 3-13 DH30003 型栅网组件

3.6.5 实验内容及步骤

如图 3-14 所示,P_{r1} 为垂直栅网,P_{r2} 为水平栅网,当发射喇叭 P_{r0} 转角 45°后,辐射波的电场 E_L 分解为 $E_{i/\!/}$与 $E_{i\perp}$ 两个分量。喇叭辐射出的电磁波照射到分光仪介质板后分为两路,一路经过分光仪介质板的反射传播到 P_{r1} 垂直栅网的金属丝栅条上。P_{r1} 只反射 $E_\perp$ 分量,而 $E_{/\!/}$分量透过垂直栅网被吸收;另一路信号透过分光介质板到达金属丝栅条 P_{r2},P_{r2} 只反射 $E_{/\!/}$分量,而 $E_\perp$ 分量透过水平栅网被吸收。P_{r1} 反射的 $E_\perp$ 分量经过分光介质板透射到达接收喇叭 P_{r3},P_{r2} 反射的 $E_{/\!/}$分量经过分光介质板反射到达接收喇叭 P_{r3}。这时转动接收喇叭 P_{r3},当 P_{r3} 喇叭 E 面与垂直栅网网线平行时收到 $E_\perp$ 波,当 P_{r3} 喇叭 E 面与平行栅网网线平行时收到 $E_{/\!/}$波。经几次调整发射喇叭 P_{r0} 的转角,使 P_{r3} 接收到的$|E_{/\!/}|=|E_\perp|$,此时实现了圆极化的两个正交分量幅度相等的要求。然后接收喇叭 P_{r3} 在 $E_\perp$ 与 $E_{/\!/}$之间

转动,通过改变 P_{r2} 水平栅网位置,使 P_{r3} 接收的波具有 $|E_{\alpha}|=|E_{/\!/}|=|E_{\perp}|$,从而实现了 $E_{/\!/}$ 与 $E_{\perp}$ 两个波的相位差为 ±90°,得到圆极化波。

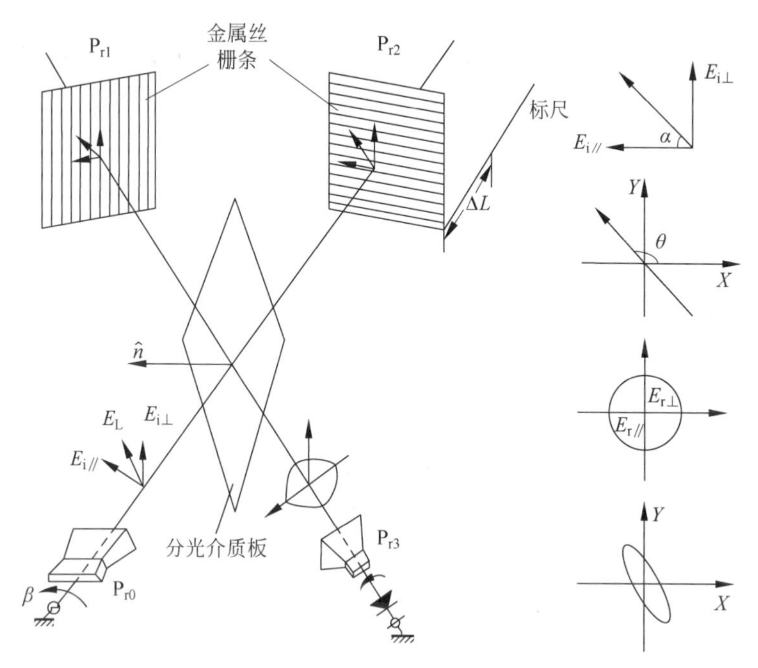

图 3-14 栅网实现波极化的原理图

由于测试条件所限,$|E_{\alpha}|$ 与 $|E_{/\!/}|$、$|E_{\perp}|$ 不可能完全相等,P_{r3} 转角 0°~360°时,总会出现检波电压的波动,当 $E_{\min}/E_{\max}\propto\sqrt{V_{\min}/V_{\max}}\geqslant 0.93$,即椭圆度大于 0.93 时,可以认为基本上实现了圆极化波的要求。

图 3-15 为栅网实验系统布置图。使 S426 型微波分光仪两喇叭口面互呈 90°,半透射板与两喇叭轴线互呈 45°,P_{r1} 与接收喇叭口面平行,与发射喇叭口面垂直,P_{r2} 与发射喇叭口面平行,与接收喇叭口面垂直。首先,调整发射喇叭 P_{r0} 的转角 β,使 P_{r3} 分别接收的 $E_{\perp}$ 和 $E_{/\!/}$ 幅度相等,记录转角 β 度数。其次改变 P_{r2} 位置,使 P_{r3} 处于 0°~360°任何转角时,其接收的场幅度不变,从而获得圆极化波。

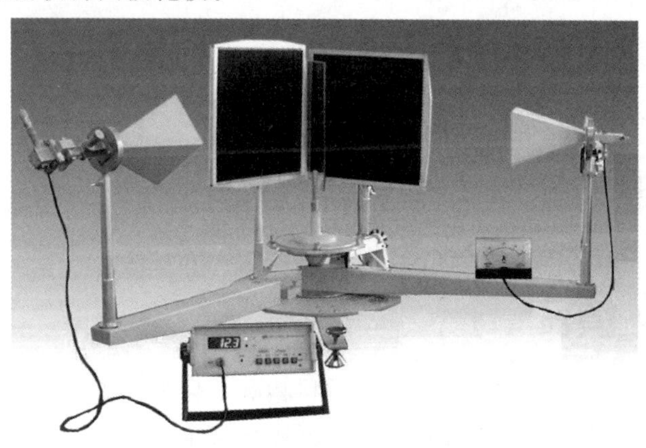

图 3-15 栅网实验系统布置图

3.6.6 实验报告

(1) 写出设计方案，记录实现圆极化幅度相等要求的 P_{r0} 转角 β 的度数。

(2) 记录 P_{r3} 不同转角下的电流值，计算生成的圆极化波的椭圆度(表 3-10～表 3-13)。

表 3-10　实验数据记录

$\theta/(°)$	10	20	30	40	50	60	70	80	90
I									

表 3-11　实验数据记录

$\theta/(°)$	100	110	120	130	140	150	160	170	180
I									

表 3-12　实验数据记录

$\theta/(°)$	190	200	210	220	230	240	250	260	270
I									

表 3-13　实验数据记录

$\theta/(°)$	280	290	300	310	320	330	340	350	360
I									

3.7 圆极化波左旋/右旋实验

3.7.1 实验目的

(1) 研究右旋、左旋圆极化波的形成、辐射和接收过程。

(2) 研究右旋、左旋圆极化波的反射和折射特性及其测试方法。

3.7.2 预习内容

方圆波导(矩-圆波导)转换，右旋、左旋圆极化波。

3.7.3 实验设备

S426 型分光仪，DH30002 型极化天线组件。

3.7.4 实验原理

电磁波极化天线是由方圆波导转换、介质移相圆波导和圆锥喇叭连接而成。介质圆波导可做 360°旋转，并有刻度指示转动的角度。圆极化波辐射装置方圆波导(见图 3-16)使矩形波导中的 TE_{10} 的电场 E_Y 过渡到圆波导中的 TE_{11} 模的电场 E_R。在装有介质片的圆波导段内分解为平行介质面的一个分量 E_t 和垂直介质片平面的一个分量 E_n 两个电场分量，因 E_t 和 E_n 的速度不同，即 $V_c=V_n>V_t=V_c/\sqrt{\varepsilon_r}$，式中 V_c 为空气中的波速，V_t 和 V_n 分别为 E_t 波和 E_n 波的速度。当介质片的长度 L 取得合适时，使 E_n 波的相位超前 E_t 波的相位 90°，这就实现了圆极化波相位条件的要求。介质片设计在频率约为 9370MHz 时，使两个分量的波相位差为 90°。为使 E_n 与 E_t 的幅度相等，可使介质片的法向 $\hat{n}$ 与 Y 轴之间夹角为 $\alpha=\pm45°$，若介质片的损耗略去不计，则有各电场分量的幅值满足 $E_{tm}=E_{nm}=1/\sqrt{2}E_{rm}$，实现了圆极化波幅度相等条件的要求(有时需稍偏离 45°以实现幅度相位的要求)。

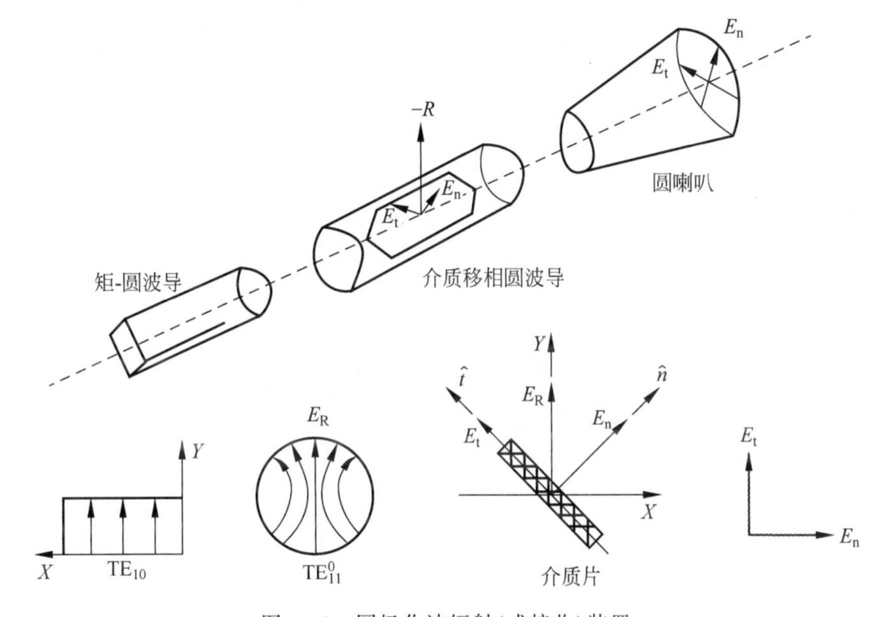

图 3-16　圆极化波辐射(或接收)装置

由于 E_n 的相位超前 E_t 90°，当 $\hat{n}$ 转到 $\hat{Y}$ 方向与电磁波传播方向之间符合右手螺旋规则时，产生右旋圆极化波；当 $\hat{n}$ 转到 $\hat{Y}$ 方向与电磁波传播方向之间符合左手螺旋规则时，产生左旋圆极化波。

3.7.5　实验内容及步骤

1. 圆极化波的产生

如图 3-17 所示，将 S426 型微波分光仪发射端喇叭换成 DH30002 型电磁波极化天线，即如图 3-18 所示的圆锥喇叭，并使圆锥喇叭连接方式同原矩形发射喇叭的连接方式(圆锥喇叭的方圆波导转换仍连接微波衰减器和三厘米固态信号源的振荡器)；S426 型微波分光仪的接收喇叭(矩形喇叭)口面应与 DH30002 型电磁波极化天线(圆锥喇叭)口面互相正对，它们各自的轴线应在一条直线上，指示两喇叭位置的指针分别指于工作平台的 90°刻度或 0°～180°某刻度处。矩形接收喇叭的宽边与地平行。

将发射喇叭(圆锥喇叭)旋转 45°，其内部介质片也随之旋转，内部介质片应与喇叭垂直轴线成 45°，此时，理论上实现了圆极化波幅度相等条件的要求。察看表头指示，同时，旋转 S426 型微波分光仪的接收喇叭(矩形喇叭)，如果表头指示在微波分光仪的接收喇叭旋转到

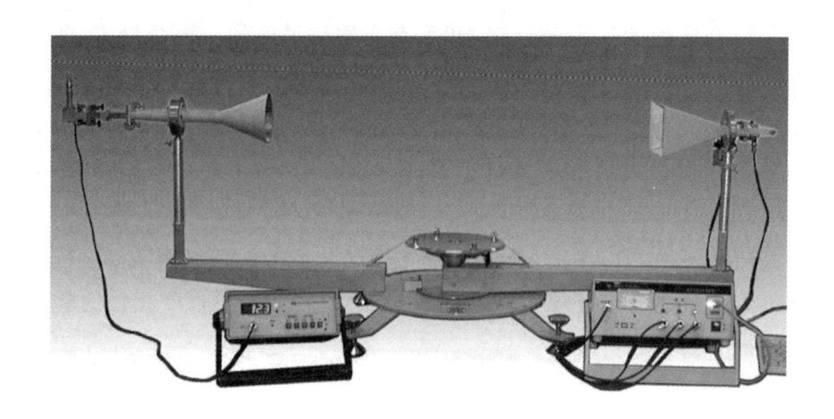

图 3-17　圆极化波左旋/右旋实验

图 3-18　DH30002 型电磁波极化天线

任一角度时基本接近，就实现了用 DH30002 型电磁波极化天线得到了圆极化波；但如果表头指示差别很大，适当调整发射喇叭（圆锥喇叭）圆波导内介质片的角度，直到接收喇叭旋转到任一角度时表头指示接近。旋转矩形接收喇叭，并记录下不同转角下所收到的信号值。

2. 圆极化波的反射/折射

右旋圆极化波经过反射后成为左旋圆极化波，而折射进入另一媒质时仍为右旋圆极化波。辐射的右旋圆极化波必须用右旋圆极化天线接收。若用左旋圆极化波天线接收，则接收信号为零（见图 3-19）。相反亦然。

在将 S426 型微波分光仪发射端喇叭——DH30002 型电磁波极化天线（圆锥喇叭）调整形成圆极化波的基础上，将微波分光仪接收端喇叭（矩形喇叭）更换成 DH30002 型电磁波极化天线（圆锥喇叭），并使圆锥喇叭连接方式同原矩形接收喇叭连接方式（圆锥喇叭的方圆波导转换仍连接微波分光仪的检波器）；接收与发射喇叭（DH30002 型电磁波极化天线）口面互相正对，它们各自的轴线应在一条直线上，指示两喇叭位置的指针分别指于工作平台的 90°刻度处。

将支座放在工作平台上，并利用平台上的定位销和刻线对正支座（与支座上的刻线对齐），拉起平台上四个压紧螺钉旋转一个角度后放下，即可压紧支座。将半透射板放到支座

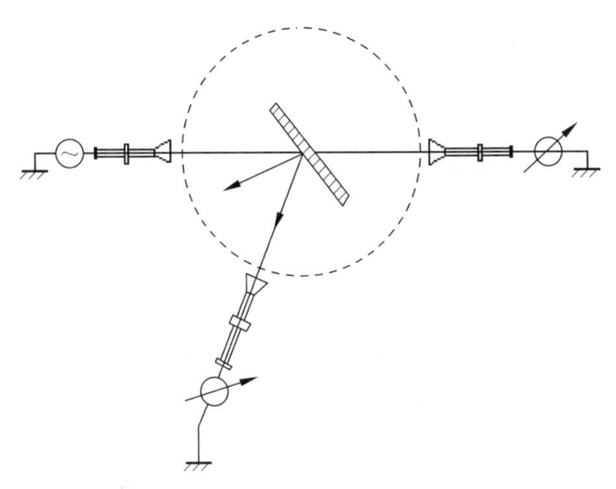

图 3-19　圆极化波反射/折射特性原理图

上,使半透射板平面与支座下面的小圆盘上的 90°刻线对一致,这时小平台上的 0°刻度就与半透射板的法线方向一致。如图 3-20 所示。

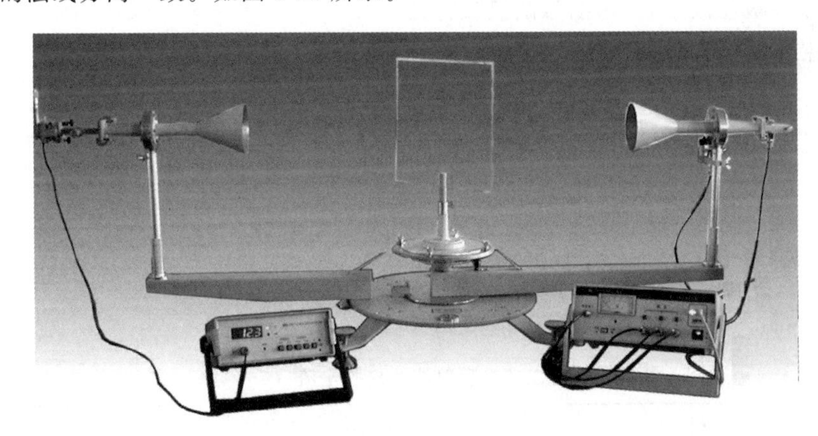

图 3-20　圆极化波反射/折射实验装置

转动微波分光仪的小平台,使固定臂指针指在某一刻度处,这个刻度数就是入射角度数,然后匀速转动活动臂,观察并记录表头指示,以此来证实右旋圆极化波经过反射后成为左旋圆极化波,而折射进入另一媒质时仍为右旋圆极化波。入射角最好在 30°～65°,因为入射角太大或太小接收喇叭有可能直接接收入射波。

3.7.6　实验报告

1. 圆极化波的产生

(1) 记录矩形接收喇叭在不同转角下接收的电流值,计算产生的圆极化波的椭圆度(表 3-14～表 3-17)。

表 3-14　矩形接收喇叭在不同转角下接收的电流值

θ/(°)	10	20	30	40	50	60	70	80	90
I									

表 3-15 矩形接收喇叭在不同转角下接收的电流值

θ/(°)	100	110	120	130	140	150	160	170	180
I									

表 3-16 矩形接收喇叭在不同转角下接收的电流值

θ/(°)	190	200	210	220	230	240	250	260	270
I									

表 3-17 矩形接收喇叭在不同转角下接收的电流值

θ/(°)	280	290	300	310	320	330	340	350	360
I									

(2) 计算所产生的圆极化波的椭圆度。

2. 记录圆极化波反射、透射波的接收特性

1) 直射特性(表 3-18)

表 3-18 直射波的接收电流(I)

圆极化发射天线		右旋 $\alpha=-45°$	左旋 $\alpha=45°$
圆极化接收天线	右旋		
	左旋		

2) 反射、折射特性(入射角 30°)(表 3-19 和表 3-20)

表 3-19 反射波的接收电流(I)

圆极化发射天线		右旋 $\alpha=-45°$	左旋 $\alpha=45°$
圆极化接收天线	右旋		
	左旋		

表 3-20 透射波的接收电流(I)

圆极化发射天线		右旋 $\alpha=-45°$	左旋 $\alpha=45°$
圆极化接收天线	右旋		
	左旋		

3) 反射、折射特性(入射角 50°)(表 3-21 和表 3-22)

表 3-21 反射波的接收电流(I)

圆极化发射天线		右旋 $\alpha=-45°$	左旋 $\alpha=45°$
圆极化接收天线	右旋		
	左旋		

表 3-22　透射波的接收电流(I)

圆极化发射天线		右旋 $\alpha=-45°$	左旋 $\alpha=45°$
圆极化接收天线	右旋		
	左旋		

3.8　布拉格衍射实验

3.8.1　实验目的

(1) 培养综合性设计电磁波实验方案的能力。

(2) 验证电磁波的布拉格方程。

3.8.2　预习内容

布拉格方程和布拉格衍射现象。

3.8.3　实验设备

S426 型分光仪,模拟晶体及支架,模片。

3.8.4　实验原理

任何的真实晶体,都具有自然外形和各向异性的性质,这与晶体的离子、原子或分子在空间按一定的几何规律排列密切相关。

X 射线的波长与晶体的常数属于同一数量级。实际上晶体是起着衍射光栅的作用。因此可以利用 X 射线在晶体点阵上的衍射现象来研究晶体点阵的间距和相互位置的排列,以达到对晶体结构的了解。立方晶格是最简单的晶格,为立方体结构,如图 3-21 所示。

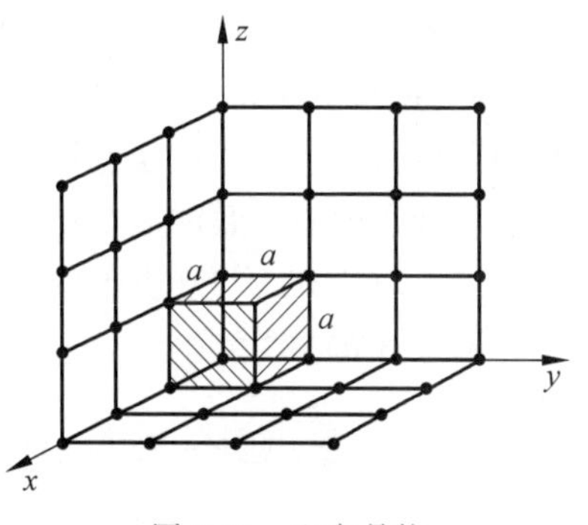

图 3-21　立方晶格

为了区分晶体中无限多族的平行晶面的方位,人们采用米勒指数标记法。先找出晶面在 x、y、z 3 个坐标轴上以点阵常量为单位的截距值,再取 3 个截距值的倒数比并化为最小整数比($h:k:l$),这个晶面的密勒指数就是(hkl)。当然与该面平行的平面的密勒指数也是(hkl)。利用密勒指数可以很方便地求出一族平行晶面的间距。对于立方晶格,密勒指数为(hkl)的晶面族,其面间距 d_{hkl} 可按下式计算:

$$d_{hkl}=\frac{a}{\sqrt{h^2+k^2+l^2}} \tag{3-17}$$

$$d_{120}=\frac{a}{\sqrt{5}}=\frac{a}{\sqrt{1^2+2^2+0^2}},\quad d_{110}=\frac{a}{\sqrt{2}}=\frac{a}{\sqrt{1^2+1^2+0^2}},\quad d_{100}=a=\frac{a}{\sqrt{1^2+0^2+0^2}}$$

式中,a 为立方晶格的边长(晶格常数)。

图 3-22 为晶面与 x-y 平面的交线,图 3-22 中的实线表示(100)面与 x-y 平面的交线,

虚线与点画线分别表示(110)面和(120)面与 xOy 平面的交线。

可以用 X 射线在晶体内原子平面族的反射来解释 X 射线衍射效应的理论,如有一单色平行于 xoy 平面的 X 射线束以掠射角 θ 入射于晶格点阵中的某平面族,例如图 3-22 所示之(100)晶面族产生反射,相邻平面间的波程差为

$$PQ + QR = 2d_{100}\sin\theta \quad (3\text{-}18)$$

式中,d_{100} 是(100)平面族的面间距。若波程差是波长的整数倍,则二反射波有相长干涉,即满足布拉格定律:

$$2d\sin\theta = n\lambda, n = 0, 1, 2, \cdots \quad (3\text{-}19)$$

而得到加强,它规定了衍射的 X 射线从晶体射出的方位。

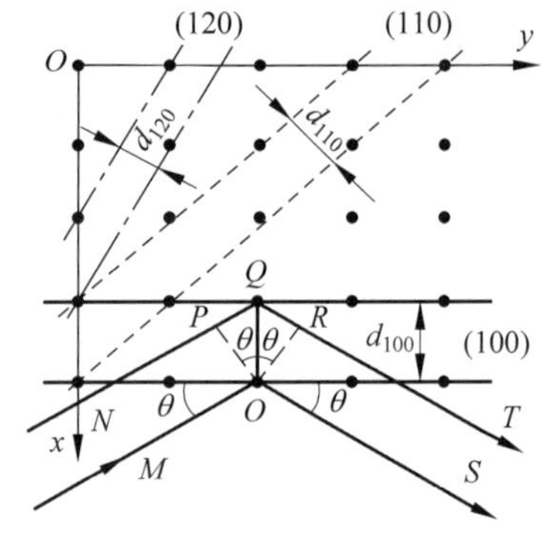

图 3-22 晶面在 xOy 平面上的交线

对每个格点位置上有相同类型原子的简单立方结构,随着间距 d 的减小,在每个晶面上的原子数目也减少,反射就变得弱些。当用单色波对处于特定方位的晶体进行分析时,随着掠射角 θ 的改变,可得到一个反射光强度的分布。若把最强的反射峰对应的 θ 角值代入式(3-19),就能算出对这个峰值有贡献的平面族的面间距 d,如有几个满足布拉格定律的晶面族产生反射,其弱者可视为总强度分布的本底。

本实验是仿照 X 射线入射真实晶体发生衍射的基本原理,制作了一个方形点阵的模拟晶体,以微波代替 X 射线,使微波向模拟晶体入射,观察从不同晶面上点阵的反射波产生干涉应符合的条件,这个条件就是布拉格方程,即当微波波长为 λ 的平面波入射到间距为 d(晶格常数)的晶面上,入射角为 α,当满足条件 $n\lambda = 2a\cos\alpha$ 时(n 为整数)发生衍射,衍射线在所考虑的晶面反射线方向。而在一般的布拉格衍射实验中采用入射线与晶面的夹角(即通称的掠射角)θ,这时布拉格方程为 $n\lambda = 2d\sin\theta$。

本实验中,主要装置为 DH926B 型微波分光仪,除两喇叭的调整同反射实验一样外,要注意的是模拟晶体球应用膜片调得上下左右成为一方形点阵,模拟晶体架上的中心孔插在支架上与度盘中心一致的一个销子上。当把模拟晶体架放到小平台上时,应使模拟晶体架晶面法线一致的刻线与度盘上的 0 刻度一致。为了避免两喇叭之间波的直接入射,入射角取值范围最好在 30°～70°。

3.8.5 实验内容及步骤

(1) 设计利用 S426 型分光仪演示电磁波布拉格衍射现象的方案。

(2) 按如图 3-23 所示,连接仪器,调整系统。实验中除了两喇叭的调整同反射实验一样外,要注意的是模拟晶体球应用膜片调得上下左右成为一方形点阵,模拟晶体架上的中心孔插在支架上与度盘中心一致的一个销子上。

当把模拟晶体及晶体架放在中心轴上的分度转台时,要调整微波发射喇叭和微波接收喇叭对准模拟晶体的中部高度,并使两喇叭口在一条通过载物台转轴的直线上,两臂分别对准度盘的 0°和 180°位置。

开启微波发生器电源后,调整两个角锥喇叭天线的方位,使接收喇叭一方的微安表指示达到相对最大值。在调节波导调谐器(短路活塞)和衰减器时,先加大衰减,再调节短路活塞,使微安表指示达到最大,再减小衰减使指针达到适当位置。

图 3-23　仪器连接图

(3) 模拟晶体架下面圆盘的刻线要与模拟晶体(100)晶面的方向一致，并且指向度盘的0°刻度。

(4) 测量(100)面衍射的一级与二级极大的掠射角 θ_1 与 θ_2。测角可以从 30°开始，旋转分度转台 1°，记录一次微安表读数(注意：固定臂指针变化 1°，旋转臂要在原位置基础上旋转 2°)。先测出一侧的 θ_1 与 θ_2，再用同样方法测出另一侧的 θ_1 与 θ_2，取平均值。

(5) 测量(110)晶面衍射的一级与二级极大的掠射角 θ_1 与 θ_2，测角范围可在 20°～60°，测量方法同上。

注意：进行(100)、(110)面的测量，只要将模拟晶体架下圆盘刻度线分别调到指向 0°和45°的位置即可。

3.8.6　实验报告

写出设计的方案，记录测量的数据，验证布拉格方程(见表 3-23～表 3-26)。

表 3-23　实验结果记录表(1)

θ/(°) \ I	30	31	32	33	34	35	36	37	38	39	40
100 面											
110 面											

表 3-24　实验结果记录表(2)

θ/(°) \ I	41	42	43	44	45	46	47	48	49	50	51
100 面											
110 面											

表 3-25　实验结果记录表(3)

θ/(°) \ I	52	53	54	55	56	57	58	59	60	61	62
100 面											
110 面											

表 3-26 实验结果记录表(4)

I \ $\theta/(°)$	63	64	65	66	67	68	69	70
100 面								
110 面								

由实验数据计算得表 3-27。

表 3-27 实验数据计算结果

位置	θ_1 和 θ_2 的测量值		θ_1 和 θ_2 的理论		误差百分比	
	θ_1	θ_2	θ_1	θ_2	θ_1	θ_2
100 面						
110 面						

找出被测各晶面族的掠射角,用布拉格公式计算晶格中 2 个平行晶面族的平面间隔,再分别求出晶格常量,取平均值并与用米尺测量值的相比较。

3.9 无线信号场强特性的研究

3.9.1 实验目的

(1) 通过实地测量校园内室内外的无线电信号场强值,掌握室内外电波传播的规律。

(2) 熟悉并掌握无线电中的传输损耗、路径损耗、穿透损耗、衰落等概念。

(3) 熟练使用无线电场强仪测试空间电场强度的方法。

(4) 学会对大量数据进行统计分析,并得到相关传播模型。

3.9.2 实验原理

1. 电波传播方式

电磁场在空间中的传输方式主要有反射、绕射、散射三种模式。当电磁波传播遇到比波长大很多的物体时会发生反射;当接收机和发射机之间无线路径被物体阻挡时会发生绕射;当电波传播空间中存在物理尺寸小于电波波长的物体且这些物体的分布较密集时会发生散射。散射波产生于粗糙表面,如小物体或其他不规则物体、树叶、街道、标志、灯柱等。

2. 无线信道中信号衰减

无线信道中的信号衰减分为衰落、路径损耗、建筑物穿透损耗,此外还有多径传播的影响。

1) 移动环境下电波的衰落包括快衰落和慢衰落(又叫阴影衰落)

快衰落的典型分布为 Rayleigh 分布或 Rician 分布;阴影衰落的典型分布为正态分布,即高斯分布。快衰落和慢衰落两者构成移动通信系统中接收信号不稳定因素。

2) 路径损耗

路径损耗的定义为当收发天线分别为点源时,发射天线的输入功率与接收天线的输出功率的比值。距离是决定路径损耗大小的首要因素。除此之外,还与发射点和接收点之间的电波传播条件密切相关。根据理论和测试的传播模型，无论室内或室外信道，平均接收信号功率随距离衰减，对任意的传输距离，大尺度平均路径损耗表示为

$$\bar{P}_{L}(d)[\mathrm{dB}]=\bar{P}_{L}(d_0)+10n\lg(d/d_0) \tag{3-20}$$

即平均接收功率为

$$\begin{aligned}\bar{P}_{r}(d)[\mathrm{dBm}]&=P_{t}[\mathrm{dBm}]-\bar{P}_{L}(d_0)-10n\lg(d/d_0)\\&=\bar{P}_{t}(d_0)[\mathrm{dBm}]-10n\lg(d/d_0)\end{aligned} \tag{3-21}$$

其中，n 为路径损耗指数，表明路径损耗随距离增长的速度；d_0 为近地参考距离；d 为发射机与接收机之间的距离。

人们根据不同的地形地貌条件，总结出各种电波传播模型：自由空间模型、布灵顿模型、EgLi 模型、Hata-Okumura 模型。

（1）自由空间模型。

所说的自由空间一是指真空，二是指发射天线与接收台之间不存在任何可能影响电波传播的物体，电波是以直射线的方式到达移动台的。自由空间模型计算路径损耗公式为

$$L_{P}=32.4+20\lg d+20\lg f \tag{3-22}$$

式中，d 是以千米为单位的移动台与基站之间的距离；f 是以 MHz 为单位的移动工作频点或工作频段的频率。

（2）布灵顿模型。

布灵顿模型假设发射天线和移动台之间的地面是理想平面大地，并且两者之间的距离 d（单位：km）远大于发射天线的高度 h_t（单位：m）或移动台高度 h_r（单位：m），此时的路径损耗（单位：dB）计算公式为

$$L_{P}=120+40\lg d-20\lg h_t-20\lg h_r \tag{3-23}$$

（3）EgLi 模型。

EgLi 模型是从大量实测结果中归纳出来的中值预测公式，属于经验模型，其计算公式为

$$L_{P}=88+40\lg d-20\lg h_t-20\lg h_r+20\lg f-G \tag{3-24}$$

其中，G 为地形修正因子（单位：dB）。G 反映了地形因素对路径损耗的影响。EgLi 模型认为路径损耗同接收点的地形起伏 Δh 有关，地形起伏越大，则路径损耗也越大，当 Δh 用米来测量时，可按照式(3-25)近似地估计地形的影响：

$$G=\begin{cases}0 & \Delta h<15\mathrm{m}\\ 2.43\left(1-\dfrac{\Delta h}{15}\right) & \Delta h>15\mathrm{m}\quad 150\mathrm{MHz}\text{ 频段}\\ 3.05\left(1-\dfrac{\Delta h}{15}\right) & \Delta h>15\mathrm{m}\quad 280\mathrm{MHz}\text{ 频段}\end{cases} \tag{3-25}$$

（4）Hata-Okumura 模型。

Hata-Okumura 模型也是依据实测数据建立的模型，当移动台高度为典型值 $h_r=1.5\mathrm{m}$ 时，按照 Hata-Okumura 模型计算路径损耗的公式为

市区：$LP_1=69.55+26.2\lg f-13.82\lg h_t+(44.9-6.55\lg h_t)\lg d$ (3-26)

开阔地：$LP_2=LP_1-4.78(\lg f)^2+18.33\lg f-40.94$ (3-27)

一般情况下，开阔地的路径损耗都比市区小。

3）建筑物的穿透损耗

建筑物外测量的信号的中值电场强度和同一位置室内测量的信号中值电场强度之差(dB)称为建筑物的穿透损耗。建筑物穿透损耗的大小同建筑物的材料、结构、高度、室内陈设、工作频率等多种因素有关。室外至室内建筑物的穿透损耗定义为：室外测量的信号平均场强减去在同一位置室内测量的信号平均场强，用公式表示为

$$\Delta P=\frac{1}{N}\sum_{i=1}^{N}P_i^{(\text{outside})}-\frac{1}{M}\sum_{j=1}^{M}P_j^{(\text{inside})} \tag{3-28}$$

式中，ΔP 为穿透损耗(单位：dB)；P_j 是在室内所测的每一点的功率(单位：dBμV)，共 M 个点；P_i 是在室外所测的每一点的功率(单位：dBμV)，共 N 个点。

3.9.3 实验内容

(1) 根据不同的地形地貌条件，归纳总结各种环境条件下可能采用的各种电波传播模型。在数据测试前，先用理论模型在理论上对待测区域进行分析。

根据不同的地形地貌条件，归纳出电波传播模型，如表 3-28 所示。

表 3-28 电波传播模型

理论模型	适用的物理情景
自由空间模型	发射天线与接收台之间不存在影响电波传播的物体
布灵模型	理想平面大地
EgLi 模型	地形起伏地区
Hata-Okumura	移动台高度为 $h_r=1.5\text{m}$ 时

(2) 观测波段和实验地点的确定。

① 例如选择频段：940MHz 或其他。

② 地点：可以选择例如操场地面开阔，遮挡物较少，空间相对开放；教学楼里开阔地带；研究阴影衰落相当合适；用来研究建筑物的穿透损耗的地带。

(3) 数据的测量。第一组数据在空间开放区域，地点自行选择，每半个波长测量一个数据，每个地点的数据应该在 50～100 个。

(4) 第二组数据可以选在室内，例如，楼道或房间，仍以半个波长为单位记录数据，并进行数据处理。

(5) 第三组数据在建筑物的遮挡下，观察“阴影衰落”，总结衰落服从的分布规律。

(6) 第四组数据可以找个地点，以反映建筑物外和建筑物内之间的场强差异。对建筑物穿透损耗的测量结果进行分析，用室外平均信号场强减去同一位置室内的所测信号的平均场强，得到建筑物穿透损耗。

(7) 数据处理。数据录入可以用 Excel 表格等工具，表格设计要清晰，数据电平值的分布和处理可以利用 Mworks Syslab 和 Julia 语言等工具，得到不同区域下信号电平分布情况，得到累积概率分布曲线，得到理论值和实际值之间的标准差，进行误差分析。

(8) 根据不同区域的测试结果进行比较分析，分析不同环境下造成这些结果的原因，测试结果流程图如图 3-24 所示。

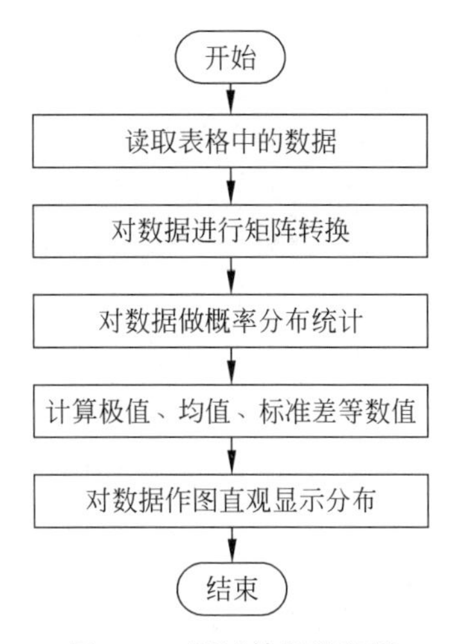

图 3-24 测试结果流程图

(9) 模型分析。根据所测试的数据,分析不同地带的测试结果和所适用的理论模型。

得到理论值和实际值的标准差,给出 Julia 语言代码,进行误差分析;根据不同区域的测试结果,进行比较分析,分析不同环境下造成这些结果的原因。

3.9.4 拓展实验内容

路测是运营商进行日常维护、设备管理经常要进行的工作。路测指通过在覆盖区域内选定路径上移动,利用路测设备记录各种测试数据和位置信息的过程。从 Scanner 或测试手机采集的路测数据,可以采用专业的网络优化分析软件进行分析。基于路测数据和其他辅助数据,能对无线网络进行多种智能化分析,从而快速准确地定位网络问题,进行网络优化。主要用于获得以下数据:服务小区信号强度、话音质量、各相邻小区的信号强度与质量、切换及接入的信令过程、小区识别码、区域识别码、手机所处的地理位置信息、呼叫管理、移动管理等。其作用主要在于网络质量的评估和无线网络的优化。

选用合适的设备和频点,进行相关测试。

3.9.5 报告示例

【摘要】

【关键字】

【实验目的】

【实验要求】

【实验仪器】

场强仪一台。

【问题分析】

【实验步骤】

(1) 实验对象的选择。

(2) 数据采集。

(3) 用绘图工具简单地绘制场强分布图。

利用场强仪对无线信号的电平值进行测量,对于室内外的信号的测量均为每隔半个波长就记录一个数据。对于建筑物的穿透损耗的测量要在对该建筑的室内进行测量的基础上,再在该建筑物一层的路面上,围绕该建筑物转一圈测量,测量的方法与室内信号的测量方法类似,在室外按照从西-南-东-北-西的方向测量信号电平值。测量时手持场强仪斜向前方测量,场强仪距离身体一定距离防止身体的干扰,测量时保持同一测量姿势不变。

该实验数据的测量受诸多因素影响,导致读数难度增加,即使同一地点进行读数,数据显示也会不断波动,故统一读取信号基本稳定时的信号电平值。

(4) 数据录入。

将测量得到的数据填入 Excel 表格,得到一个总表,并将不同地点得到的数据放在不同的表格中,并记录数据记录的顺序。

(5) 数据处理。

实验测得的数据比较多,在处理时采用 Mworks Syslab 软件处理 Excel 录入的数据,并对数据进行矩阵变换以及概率分布统计分析,计算极值、均值、标准差等数值,并作图直观分析。

【实验结果】

以表格、图形方式给出。

【实验结论】

【心得体会】

【参考文献】

【附录】

附 Julia 语言代码。

第4章 微波工程参数特性测量实验

CHAPTER 4

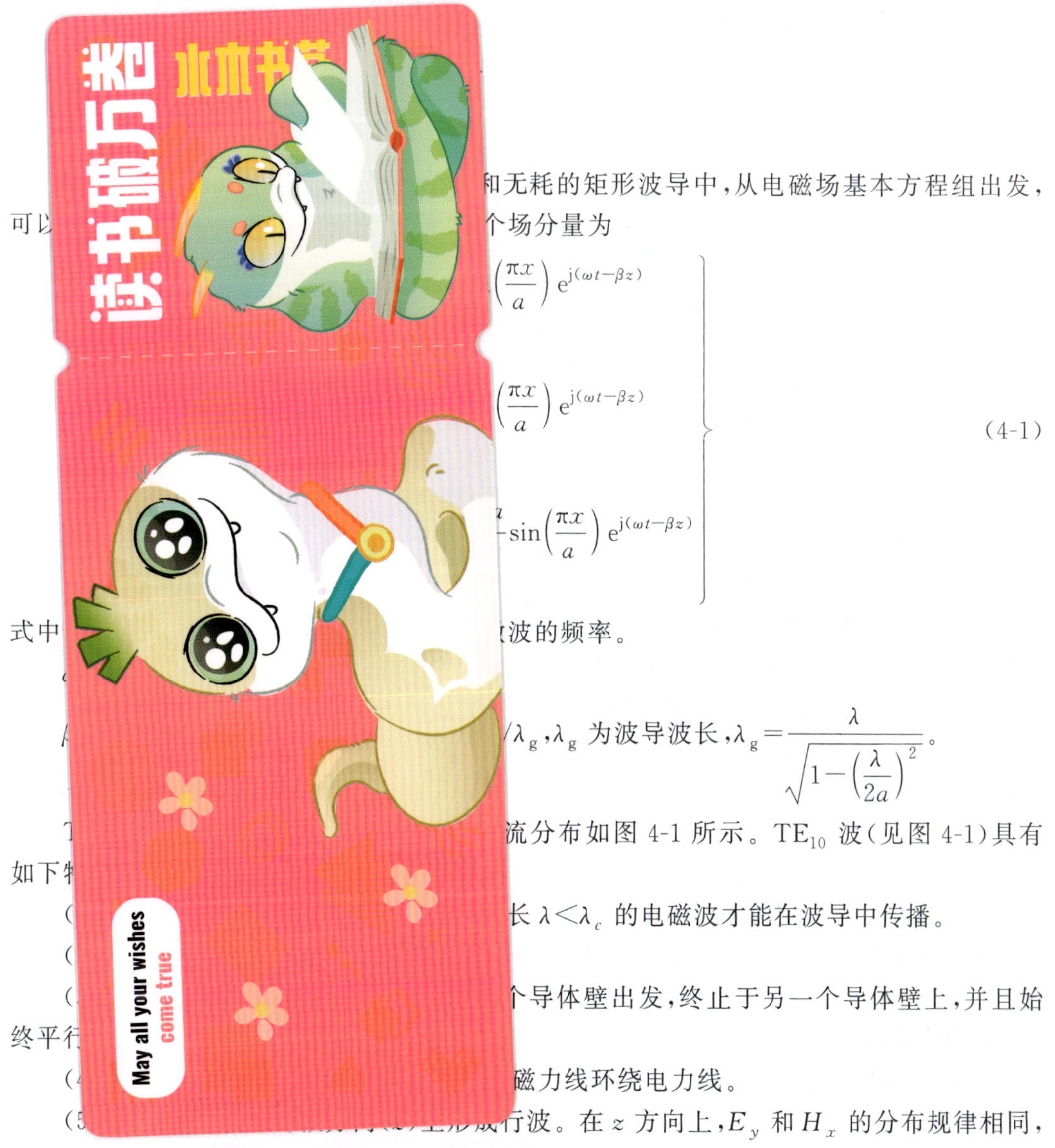

和无耗的矩形波导中，从电磁场基本方程组出发，

可以 个场分量为

$$\left(\frac{\pi x}{a}\right) e^{j(\omega t-\beta z)}$$

$$\left(\frac{\pi x}{a}\right) e^{j(\omega t-\beta z)} \qquad (4\text{-}1)$$

$$\sin\left(\frac{\pi x}{a}\right) e^{j(\omega t-\beta z)}$$

式中 波的频率。

$/\lambda_g$，λ_g 为波导波长，$\lambda_g=\dfrac{\lambda}{\sqrt{1-\left(\dfrac{\lambda}{2a}\right)^2}}$。

T 流分布如图4-1所示。TE_{10} 波（见图4-1）具有如下特

(长 $\lambda<\lambda_c$ 的电磁波才能在波导中传播。

(

(个导体壁出发，终止于另一个导体壁上，并且始终平行

(4 磁力线环绕电力线。

(5 形成行波。在 z 方向上，E_y 和 H_x 的分布规律相同，也就是说 E_y 最大处 H_x 也最大，E_y 为零处 H_x 也为零，场的这种结构是行波的特点。

如果波导终端负载是匹配的，传播到终端的电磁波的所有能量全部被吸收，这时波导中

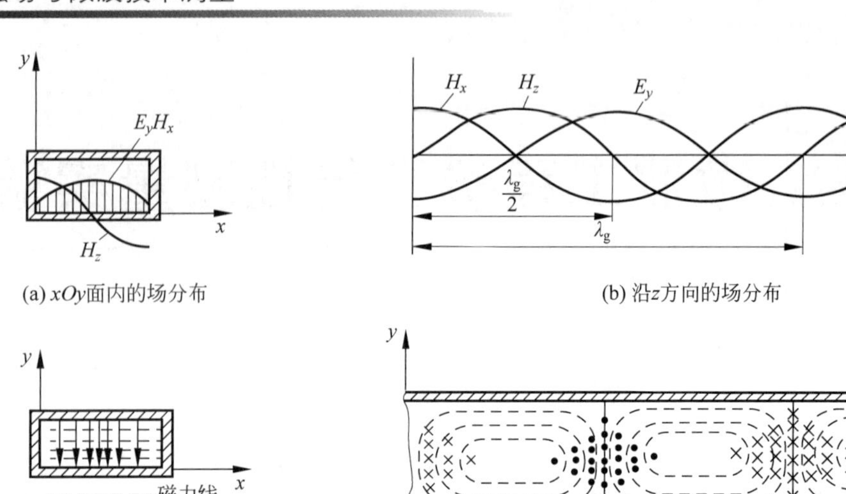

(a) xOy面内的场分布

(b) 沿z方向的场分布

磁力线

电力线

(c) xOy面内的电力线和磁力线

(d) yOz面内的电力线和磁力线

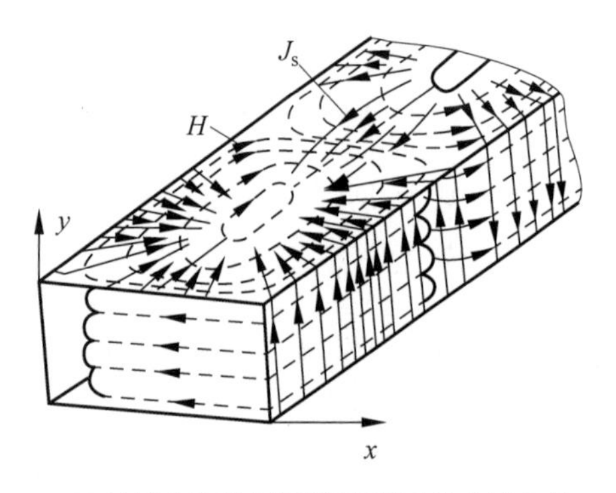

(e) 波导中的磁力线和波导壁上的电流分布

图 4-1 TE_{10} 波的电磁场结构及波导壁电流分布

呈现的是行波。当波导终端不匹配时，就有一部分波被反射，波导中的任何不均匀性也会产生反射，形成混合波。为描述电磁波的反射引入反射系数与驻波比的概念，反射系数 Γ 定义为

$$\Gamma = E_r/E_i = |\Gamma| e^{j\varphi} \tag{4-2}$$

驻波比 ρ 定义为

$$\rho = \frac{E_{max}}{E_{min}} \tag{4-3}$$

其中，E_{max} 和 E_{min} 分别为波导在波腹和波节处的电场。

综上所述不难看出：对于行波，$\rho=1$；对于驻波，$\rho=\infty$；而当 $1<\rho<\infty$ 是混合波。图 4-2 为行波、混合波和驻波的电场振幅分布波示意图。

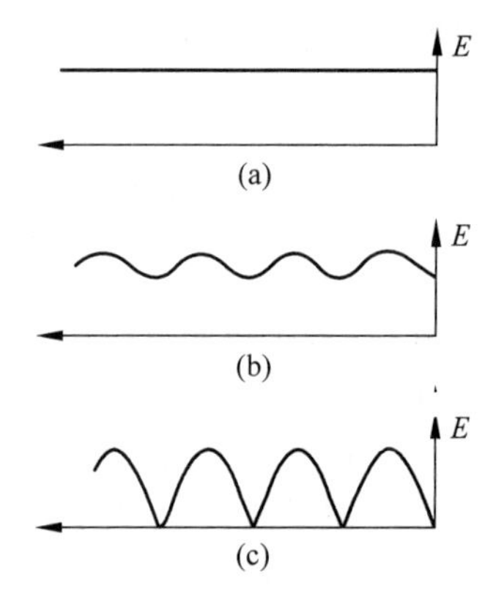

图 4-2 行波、混合波和驻波

2. 微波测量系统中的器件

1) 波导管

本实验所使用的波导管型号为 BJ—100，其内腔尺寸为 $a=22.86\text{mm}$，$b=10.16\text{mm}$。其主模频率范围为 8.20～12.50GHz，截止频率为 6.557GHz。

2）隔离器

位于磁场中的某些铁氧体材料对于来自不同方向的电磁波有着不同的吸收，经过适当调节，可使其对微波具有单方向传播的特性（见图 4-3）。隔离器常用于振荡器与负载之间，起到隔离和单向传输的作用。

3）衰减器

把一片能吸收微波能量的吸收片垂直于矩形波导的宽边，纵向插入波导管即成（见图 4-4），用以部分衰减传输功率，沿着宽边移动吸收片可改变衰减量的大小。衰减器起到调节系统中微波功率以及去耦合的作用。

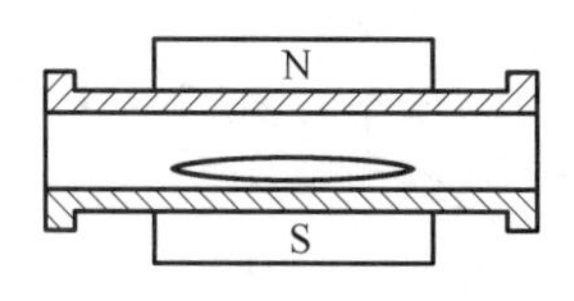

图 4-3　隔离器结构示意图

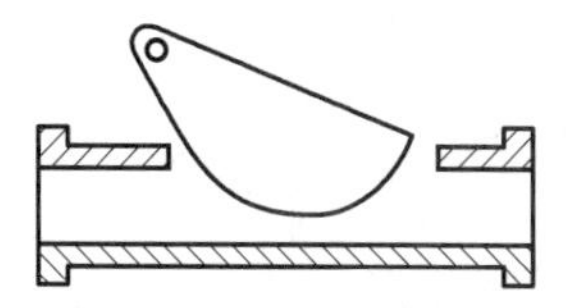

图 4-4　衰减器结构示意图

4）谐振式频率计（波长表）

电磁波通过耦合孔从波导进入频率计的空腔中，当频率计的腔体失谐时，腔里的电磁场极为微弱，此时，它基本上不影响波导中波的传输。当电磁波的频率满足空腔的谐振条件时发生谐振，反映到波导中的阻抗发生剧烈变化，相应地，通过波导中的电磁波信号强度将减弱，输出幅度将出现明显地跌落，从刻度套筒可读出输入微波谐振时的刻度，通过查表可得知输入微波谐振频率（见图 4-5），或从刻度套筒直接读出输入微波的频率（见图 4-6）。两种结构方式都是以活塞在腔体中的位移距离来确定电磁波的频率的；不同的是，图 4-5 读取刻度的方法测试精度较高，通常可到 5×10^{-4}，价格较低，而图 4-6 直读频率刻度，由于在频率刻度套筒加工受到限制，频率读取精度较低，一般只能到 3×10^{-3} 左右，且价格较高。

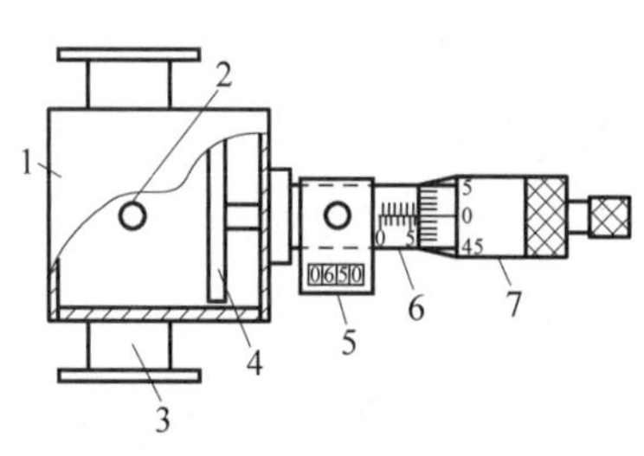

图 4-5　谐振式频率计结构原理图(1)

1—谐振腔腔体；2—耦合孔；3—矩形波导；4—可调短路活塞；5—计数器；6—刻度；7—刻度套筒

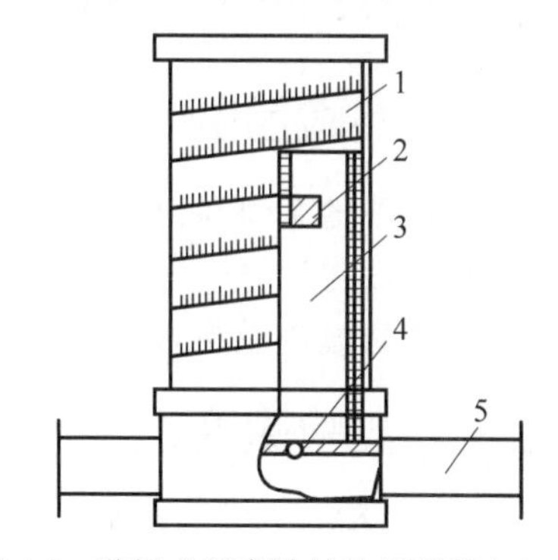

图 4-6　谐振式频率计结构原理图(2)

1—螺旋测微机构；2—可调短路活塞；3—圆柱谐振腔；4—耦合孔；5—矩形波导

5）匹配负载

波导中装有很好地吸收微波能量的电阻片或吸收材料，它几乎能全部吸收入射功率。

6）环行器

环行器是使微波能量按一定顺序传输的铁氧体器件。主要结构为波导 Y 形接头，在接头中心放一铁氧体圆柱（或三角形铁氧体块），在接头外面有 U 形永磁铁，它提供恒定磁场 H_0。当能量从①端口输入时，只能从②端口输出，③端口隔离，同样，当能量从②端口输入时只有③端口输出,①端口无输出,以此类推即得能量传输方向为①→②→③→①的单向环行(见图 4-7)。

7) 单螺调配器

插入矩形波导中的一个深度可以调节的螺钉,并沿着矩形波导宽壁中心的无辐射缝作纵向移动,通过调节螺钉的位置使负载与传输线达到匹配状态(见图 4-8)。调匹配过程的实质,就是使调配器产生一个反射波,其幅度和失配元件产生的反射波幅度相等而相位相反,从而抵消失配元件在系统中引起的反射而达到匹配。

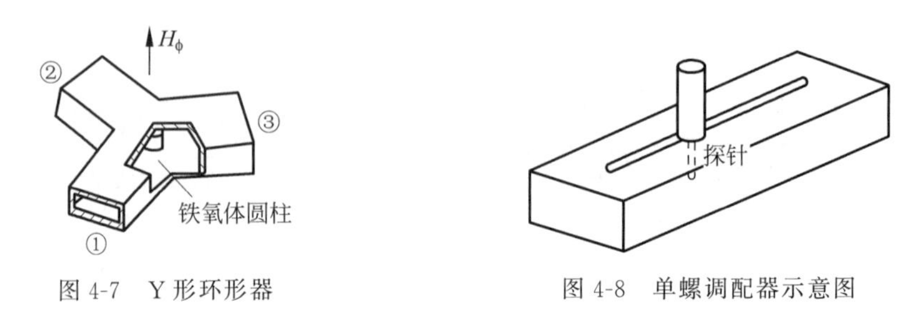

图 4-7 Y 形环形器　　图 4-8 单螺调配器示意图

8) 微波源

提供所需微波信号,频率范围在 8.6～9.6GHz 内可调,工作方式有等幅、方波、外调制等,实验时根据需要加以选择。

9) 选频放大器

用于测量微弱低频信号,信号经升压、放大,选出 1kHz 附近的信号,经整流平滑后由输出级输出直流电平,由对数放大器展宽供给指示电路检测。

4.2 微波测量系统的使用和信号源波长功率的测量

4.2.1 实验目的

(1) 学习微波的基本知识。

(2) 了解微波在波导中传播的特点,掌握微波基本测量技术。

(3) 学习用微波作为观测手段来研究物理现象。

4.2.2 实验原理

测量微波传输系统中电磁场分布,驻波比、阻抗、调匹配等是微波测量的重要工作,该实验系统主要的工作原理如图 4-9 所示。

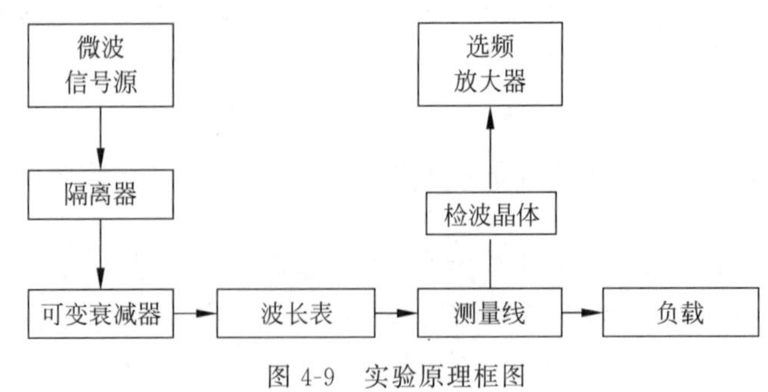

图 4-9 实验原理框图

波导中电磁场分布情况的测量所用基本仪器是微波测量线系统，如图 4-10 所示。

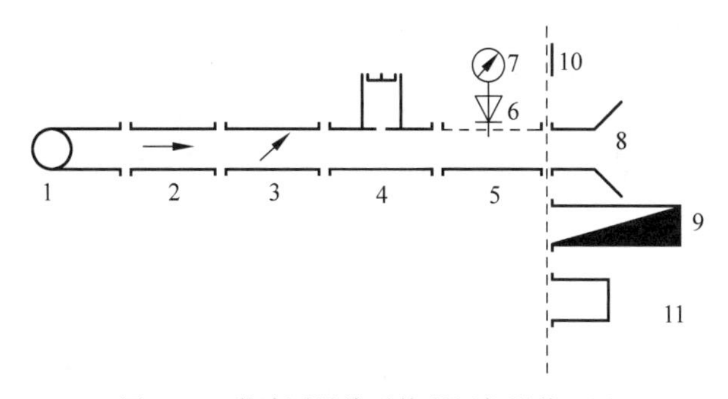

图 4-10　微波测量线系统所用仪器装置图

1—微波信号源；2—隔离器；3—衰减器；4—波长计；5—测量线；6—检波晶体

7—选频放大器；8—喇叭天线；9—匹配负载；10—短路片；11—失配负载

4.2.3　实验内容和实验步骤

1. 熟悉微波测量设备

(1) 观察测量系统的微波仪器连接装置、衰减器、波长计、波导测量线的结构形式。

(2) 熟悉信号源的使用。

将信号源的工作方式选择为：等幅位置，将衰减置于较大位置，输出端接相应指示器，观察输出。

将信号源的工作方式选择为：方波位置，将衰减置于较大位置，输出端接相应指示器，观察输出。

(3) 熟悉选频放大器的使用。

(4) 熟悉谐振腔波长计的使用方法。

2. 微波频率测量

微波的频率测量是微波测量的基本内容之一，其测量方法有两种：谐振腔法和频率比较法。本实验采用谐振腔法，所用设备为谐振式频率计。由于波长和频率满足关系 $f\lambda=v$，式中 v 为波在媒质中的波速，所以频率和波长的测量是等效的。吸收式波长计的谐振腔只有一个输入端和能量传输线路相连，调谐过程可以从能量传输线路接收端指示器读数的降低判断出来，如图 4-11 所示。

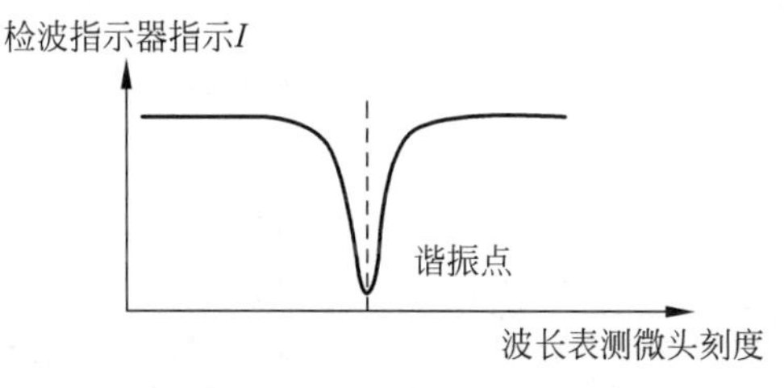

图 4-11　波长表的谐振点曲线

本实验采用了吸收式波长计测量信号源频率。为了确定谐振频率，用波长表测出微波信号源的频率。具体做法是：旋转波长表的测微头，当波长表与被测频率谐振时，将出现吸收峰。反映在检波指示器上的指示是一跌落点,此时,读出波长表测微头的读数,再从波长表频率与刻度曲线(或表格)上查出对应的频率。

(1) 按图 4-10 所示的框图连接微波实验系统,测量线后可接任意负载,使信号源工作于点频,方波状态。

(2) 按照表 4-1,改变信号源的频率值。

(3) 调节波长计使检波电流计再次出现最小值,读出此处波长计的刻度值。

(4) 按照波长计的刻度值去查找"波长计-频率刻度对照表",就可以得到相应的信号源频率值。

(5) 改变信号频率,从 8.6GHz 开始测到 9.6GHz,每隔 0.1GHz 测一次数据,记录在表 4-1 中。

表 4-1 实验数据表格

信号源频率值/GHz	波长表读数	查表得到频率/GHz	信号源误差/GHz
8.6			
8.7			
8.8			
8.9			
9.0			
9.1			
9.2			
9.3			
9.4			
9.5			
9.6			

3. 微波功率的测量

测量原理如图 4-12 所示。

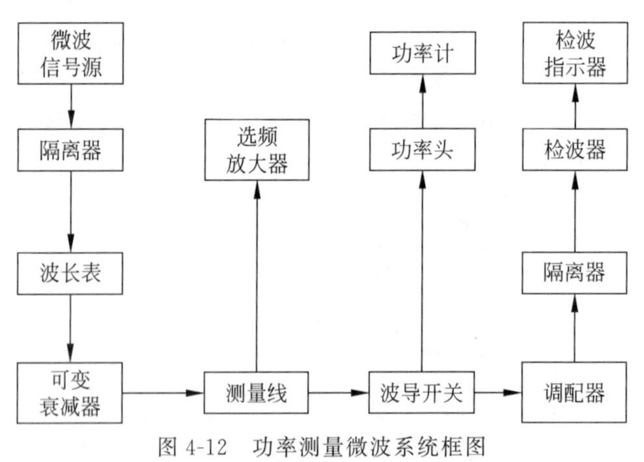

图 4-12 功率测量微波系统框图

1) 相对功率测量

波导开关旋至检波器通路,当检波器工作在平方律检波时,电表上的读数 I 与微波功率成正比:电流表的指示 $I \propto P$,即表示为相对功率。

2）绝对功率测量

波导开关旋至功率计通路，用功率计可测得绝对功率值，见表 4-2。

表 4-2 绝对功率的测量

信号源频率值/GHz	功率值/W
8.6	
8.7	
8.8	
8.9	
9.0	
9.1	
9.2	
9.3	
9.4	
9.5	
9.6	

4.3 波导波长与晶体检波器的校准测量

4.3.1 实验目的

（1）掌握波导波长的测量原理与方法。

（2）掌握晶体检波器校准的原理与方法。

（3）熟悉实验仪器及实验操作过程，掌握驻波测量线的正确使用。

4.3.2 实验原理

1. 波导波长测量实验原理

方法一：两点法。

实验原理如图 4-13 所示。

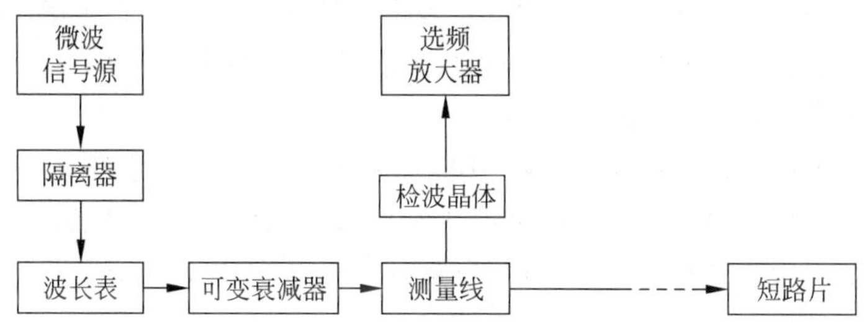

图 4-13 波导波长测量系统框图

按如图 4-13 所示连接测量系统。短路片的反射系数接近−1，在测量线中入射波与反射波的叠加为接近纯驻波的图形，只要测得驻波相邻节点的位置 L_1、L_2，由 $\frac{1}{2}\lambda_g=L_2-L_1$，即可求得波导波长 λ_g。

两点法确定波节点位置。精确地确定驻波节点的位置，不仅在波长的测量，而且在阻抗测量中也是非常重要的。为了做到准确测量通常用两点法来确定波节点的位置，即测量波节点附近两边指示电表读数相等的两点 T_1 和 T_2，如图 4-14 所示。

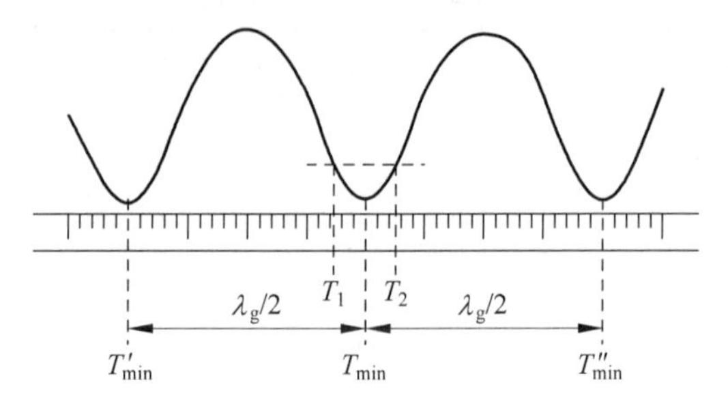

图 4-14　两点法确定波节点位置示意图

波节点的位置 $T_{\min}$ 取 T_1 和 T_2 的平均值

$$T_{\min}=\frac{T_1+T_2}{2} \tag{4-4}$$

由图 4-14 可知，波导波长

$$\lambda_g=2\mid T'_{\min}-T_{\min}\mid \tag{4-5}$$

可以由波导波长，利用式(4-7)计算出信号波长。

方法二：间接法。

理论上，自由空间波长 λ_0 和频率 f 的换算方法：

$$\lambda_0=\frac{c}{f} \tag{4-6}$$

式中，c 为自由空间波传播速度，约为 $3\times10^{10}\mathrm{cm/s}$。

对于矩形波导中的主模 TE_{10} 波，自由空间波长 λ_0 和波导波长 λ_g 满足公式：

$$\lambda_g=\frac{\lambda_0}{\sqrt{1-\left(\frac{\lambda_0}{2a}\right)^2}} \tag{4-7}$$

式中，a 为矩形波导宽边尺寸，对三厘米波导 $a=22.86\mathrm{mm}$。上个实验已经用波长表测量出信号波长，利用式(4-7)可计算 λ_g。利用波长表进行波导波长测量要注意，测量信号波长完成后要将波长计从谐振点调开，以免信号衰减影响后面的测量。

2. 晶体检波器校准实验原理

微波测量中，为指示波导(或同轴线)中电磁场强度的大小，将它经过晶体二极管检波变成低频信号或直流电流，用直流电表的电流 I 来读数。从波导宽壁中点耦合出两宽壁间的感应电压，经微波二极管进行检波，调节其短路活塞位置，可使检波管处于微波的波腹点，以获得最高的检波效率。

但是，晶体二极管是一种非线性元件，亦即检波电流 I 同场强 E 之间不是线性关系，通常表示为

$$I=kE^n \tag{4-8}$$

其中，k，n 是和晶体二极管工作状态有关的参量。如 $n=1$，$I\propto E$ 称为直线律检波，当 $n=2$，$I\propto E^2$ 称为平方律检波。当微波场强较大时呈现直线律，当微波场强较小时($P<1\mu\mathrm{W}$)呈

现平方律。处在大信号和小信号两者之间，检波律 n 就不是整数。因此，当微波功率变化太大时，n 和 k 就不是常数，所以在精密测量中必须对晶体检波器进行校准。

实验过程中，测量探针在波导中感应的电动势与探针所在电场 E 成正比，检波电流和场强一定满足式(4-8)，如果要从检波电流值得到电场强度相对值，就必须确定晶体检波率 n。

晶体检波器校准方法主要是驻波法，驻波法通常有两种。

1）第一种定标方法

将测量线终端短路，仔细调谐好检波腔，测出场沿线分布的检波电流 I。由于测量线终端短路，电场强度沿线按式(4-9)的正弦规律分布，图 4-15(a)中的检波电流，相对场强和位置的关系为

$$E/E_{\max}=\sin\left(\frac{2\pi l}{\lambda_g}\right) \tag{4-9}$$

式中，l 是探针距波节点的距离，λ_g 是波导波长。

将式(4-9)代入式(4-8)可以得到：

$$I=k'\left|\sin\left(\frac{2\pi l}{\lambda_g}\right)\right|^n \tag{4-10}$$

式中，$k'=kE_{\max}^n$。

按照 $E/E_{\max}$ 和 I 的变化规律，图 4-15(a)的实线实际上表现了函数 $I/I_{\max}=f(E/E_{\max})$。在 $\lambda_g/4$ 范围内，移动探针，选取场强的相对值 $\left|\sin\left(\frac{2\pi l}{\lambda_g}\right)\right|$ 为 0.1，0.2，0.3，…，1.0，在测量线上相应位置处读取 I 做出的曲线就是晶体二极管的定标曲线。如果对式(4-10)左右两边取对数，并令 $k'=1$ 得到

$$\lg I=n\lg\left|\sin\left(\frac{2\pi l}{\lambda_g}\right)\right| \tag{4-11}$$

如将 I 和 $\left|\sin\left(\frac{2\pi l}{\lambda_g}\right)\right|$ 画在全对数坐标纸上，连成平滑曲线如图 4-15(b)所示，该曲线的斜率即为晶体检波率 n。

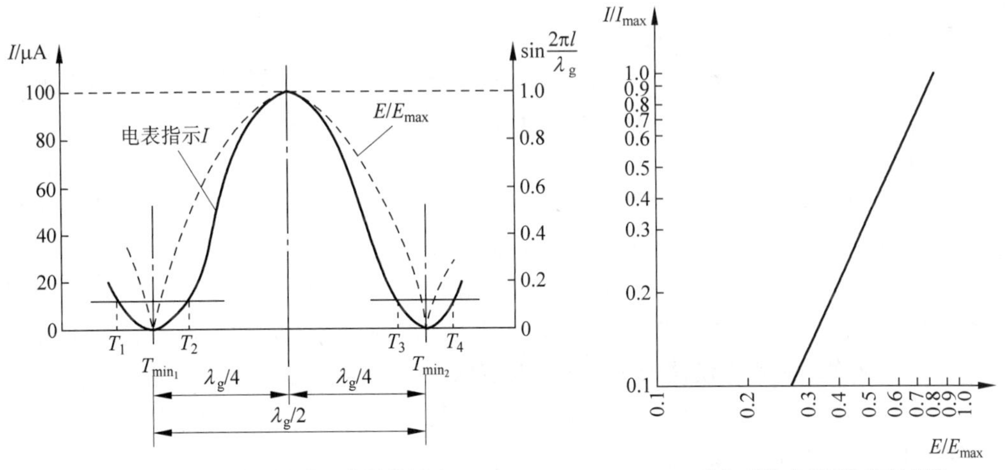

(a) 检波电流、相对场强和位置的关系

(b) 对数坐标下的定标曲线

图 4-15 检波晶体特性校准

2）第二种定标方法

测量线终端短路，测出半峰值读数间的距离 W，即测量线上检波电流对峰值电流为 0.5 时两个等指示度之间的距离 W，晶体检波律 n 可以根据下式计算：

$$n=\frac{\log 0.5}{\log\cos\left(\frac{\pi W}{\lambda_g}\right)} \tag{4-12}$$

实验室内大多数微波测试系统是属于小信号工作状态，因此，晶体检波律近似为平方律，取 $n=2$。

需要指出：晶体二极管的定标曲线和检波率随时间、温度、湿度变化较大，校准工作要经常进行。晶体检波器校准曲线在测量驻波系数时极为重要，因为驻波系数的定义是

$$\rho=\frac{|E|_{\max}}{|E|_{\min}}$$

而在小信号平方律检波时

$$\rho=\frac{|E|_{\max}}{|E|_{\min}}=\frac{\sqrt{I_{\max}/k}}{\sqrt{I_{\min}/k}}=\sqrt{\frac{I_{\max}}{I_{\min}}}=\sqrt{\frac{U_{\max}}{U_{\min}}} \tag{4-13}$$

式中，$U_{\max}$ 和 $U_{\min}$ 为选频放大器测得的电压信号的最大值和最小值，电压值可用来代替式(4-10)、式(4-11)和式(4-13)中的电流值。故驻波系数 ρ 的测量转换为晶体检波电流的测量。

4.3.3 实验内容与步骤

1. 波导波长测量实验内容与步骤

(1) 观察衰减器、空腔波长计、驻波测量线的结构形式和读数方法。

(2) 按如图 4-13 所示检查系统的连接装置及连接电缆和电缆头。

(3) 开启信号源，预热仪器，并按操作规程调整信号工作频率及幅度，并调整调制频率。开启选频放大器电源，预热按使用说明书操作。

注意：输出信号功率不能过大，以免信号过大烧坏检测器件及仪器。分贝开关尽量不要放在 60dB 位置，以免工作时因信号过大损害表头。

(4) 利用两点法进行测量，将波导测量线终端短路(同轴测量线终端开路)，调整测量放大器的衰减量和可变衰减器使当探针位于波腹时，放大器指示电表接近满格，用式(4-4)和式(4-5)两点法测量波导波长。

(5) 将驻波测量线探针插入适当深度(约 1.0mm)，并将探针移至两个波节点的中点位置，然后调节其调谐回路，使测量放大器指示最大。

(6) 利用间接法来测量波导波长 λ_g，首先，用波长计测量信号波长。测三次取平均值，再按照式(4-6)计算 λ_g，测量完成后要将波长计从谐振点调开，以免信号衰减影响后面的测量。

2. 校准晶体二极管检波器的实验内容与步骤

(1) 设计表格，用驻波测量线校准晶体的检波特性。

(2) 作出晶体检波器校准曲线图，求出检波率 n。

令 l 作为测量点和波节点的距离；l_0 是波节点的实际位置，l_0+l 就是测量点的实际位置：

根据表 4-3 中的数据，画出相对电场强度和 U 的定标曲线。

表 4-3　实验数据表格

	所测量的波导波长：					波节点 l_0 的位置：					
相对电场强度	0	0.1	0.2	0.3	0.4	0.5	0.6	0.7	0.8	0.9	1.0
l(理论计算公式)	0	$\frac{\lambda_g}{63}$	$\frac{\lambda_g}{31.3}$	$\frac{\lambda_g}{20.6}$	$\frac{\lambda_g}{15.3}$	$\frac{\lambda_g}{12}$	$\frac{\lambda_g}{9.8}$	$\frac{\lambda_g}{8.1}$	$\frac{\lambda_g}{6.8}$	$\frac{\lambda_g}{5.6}$	$\frac{\lambda_g}{4}$
l(理论值)											
测量点实际位置 $l+l_0$											
U(测量值)											

分别取对数，画出 $\lg U$ 和 $\lg E'$ 曲线，计算直线部分的斜率，得到晶体检波率 n。

(3) 再移动探针到驻波的波腹点，记录数据，分别找到波腹点相邻两边指示电表读数为波腹点 50%对应的值，记录此刻探针位置 d_1，d_2，根据公式 $n=\dfrac{\lg 0.5}{\lg\cos\left(\dfrac{\pi W}{\lambda_g}\right)}$求得晶体检波率 n，和(2)所得的数值进行比较。

4.3.4　实验报告内容

(1) 作出测量探针在不同位置下的指示读数分布曲线即 $U\sim l$ 曲线。

(2) 给出检波晶体的校准曲线，求出晶体检波率 n。

(3) 由波长计测得的自由空间信号波长后，计算出波导波长，并与实测的波导波长 λ_g 相比较。

4.3.5　思考题

(1) 在波导系统终端短路的情况下，插入具有导纳的探针后，波导中真正驻波图形如何改变？

(2) 用波长表测量自由空间信号振荡频率后，为什么还要失谐频率计？

(3) 平方律检波特性，只有在小信号时才适用，在测试过程中，需要采取哪些措施实现小信号？

(4) 为什么要测量晶体检波率？指示电表读数和微波场强 E 之间成什么关系？

(5) 做晶体检波特性的校准时，有哪些主要误差因素？怎样减小或避免？

4.4　微波驻波比的测量

由于微波的波长很短，传输线上的电压、电流既是时间的函数，又是位置的函数，使得电磁场的能量分布于整个微波电路而形成“分布参数”，导致微波的传输与普通无线电波完全不同。微波系统的测量参量是功率、波长和驻波系数，这也是和低频电路不同的。电压驻波系数的大小往往是衡量一个微波元器件性能优略的主要指标。驻波测量也是微波测量中最基本和最重要的内容之一，通过驻波测量不仅可以直接得知驻波系数之值，而且还可以间接求得衰减量、相移量、谐振腔品质因数及介电常数等。在传输线中若存在驻波，将使能量不能有效地传给负载，因而增加损耗。在大功率情况下，由于驻波的存在可能发生击穿现象。此外，驻波的存在还会影响微波信号发生器输出功率和频率的稳定度。因此，驻波测量非常重要。

4.4.1 实验目的

(1) 了解波导测量系统，熟悉基本微波元件的作用。

(2) 掌握驻波测量线的正确使用。

(3) 掌握大、中、小电压驻波系数的测量原理和方法。

4.4.2 实验原理

在测量时，通常测量电压驻波系数，即波导中电场最大值与最小值之比，即

$$\rho=\frac{E_{\max}}{E_{\min}} \tag{4-14}$$

测量驻波比的方法与仪器种类很多，有直接法、等指示度法、功率衰减法等。本实验着重熟悉用驻波测量线来测驻波系数的这几种方法。

1. 直接法

直接测量沿线驻波的最大点与最小点场强，从而求得驻波系数的方法称为直接法。若驻波腹点和节点处电表读数分别为$U_{\max}$、$U_{\min}$，则电压驻波系数ρ为

$$\rho=\frac{E_{\max}}{E_{\min}}=\sqrt[n]{\frac{I_{\max}}{I_{\min}}}=\sqrt[n]{\frac{U_{\max}}{U_{\min}}} \tag{4-15}$$

当驻波系数$1.5<\rho<5$时直接读出$I_{\max}$、$I_{\min}$即可。

当电压驻波系数在$1.05<\rho<1.5$时，驻波的最大值和最小值相差不大，且不尖锐，不易测准，为了提高测量准确度，可移动探针到几个波腹点和波节点记录数据，然后取平均值，直接法测驻波场分布图如图4-16所示。

$$\rho=\sqrt[n]{\frac{U_{\max1}+U_{\max2}+\cdots+U_{\max n}}{U_{\min1}+U_{\min2}+\cdots+U_{\min n}}} \tag{4-16}$$

2. 等指示度法

当被测器件的驻波系数大于5时，驻波腹点和节点的电平相差比较大，按直接法求取大驻波系数会带来较大的误差，原因是：波腹点和波节点电平相差悬殊，因此在测量最大点和最小点电平时，晶体工作在不同的检波率，所以仍采用直接法测量大驻波比误差较大。因此采用等指示度法，也就是通过测量驻波图形中波节点两旁附近场的分布规律的间接方法，求出驻波系数，如图4-17所示。

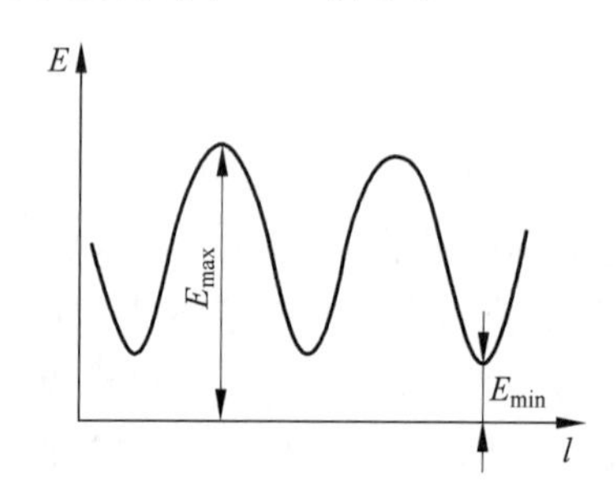

图4-16 直接法测驻波场分布图

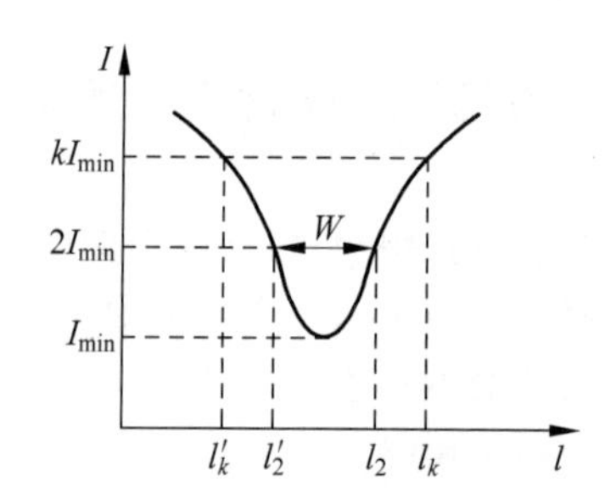

图4-17 等指示度法波节点附近场的分布

根据传输线上场强和终端反射系数之间的关系，如果确定驻波节点两旁等指示度之间的距离，可以推导出关系式：

$$\rho=\frac{\sqrt{k^{2/n}-\cos^2\left(\frac{\pi W}{\lambda_g}\right)}}{\sin\left(\frac{\pi W}{\lambda_g}\right)} \tag{4-17}$$

式中，$k=\frac{\text{测量点读数 } kI_{\min}}{\text{最小点读数 } I_{\min}}$；$\lambda_g$ 为测量线上的波长即波导波长。

通常情况下，取测量 $I_{\text{左和右}}=2I_{\min}$ 的两个等值读点所对应的探针位置间距，记录为 $W=l_h-l'_h$，如果晶体是平方率检波（$n=2$），传输线的驻波系数可以用下式计算：

$$\rho=\sqrt{1+\frac{1}{\sin^2\left(\frac{\pi W}{\lambda_g}\right)}} \tag{4-18}$$

当 ρ 较大时（$\rho\geqslant 10$），由于 W 很小，$\sin\frac{\pi W}{\lambda_g}$ 较小，$\sin\frac{\pi W}{\lambda_g}\cong\frac{\pi W}{\lambda_g}$，故公式进一步简化为

$$\rho\approx\frac{\lambda_g}{\pi W} \tag{4-19}$$

这种方法取 $k=2$ 时进行测量，所以也称为二倍最小值法，或 3 分贝方法。

必须指出：W 与 λ_g 的测量精度对测量结果影响很大，因此必须用高精度的探针位置测量装置（如千分测微计）进行读数。

3. 功率衰减法

当 $\rho>50$ 时，驻波波腹点与波节点的电平相差较大，在一般的指示仪表上，很难将两个电平同时准确读出，晶体检波律在相差较大的两个电平可能也不同，因此不能将它们相比求出驻波系数。等指示度法虽然在一定程度上解决了这一矛盾，但在驻波比很大时，W 值的测量要求仍然很高，测量误差有可能更大。因而需采用一种比较简便而准确的测量驻波系数的方法——功率衰减法。它应用精密可变衰减器测量驻波腹点和节点两个位置上的电平差，其测量精度主要决定于衰减器精度和系统的匹配情况，而与晶体检波律无关，大大降低了测量误差，功率衰减法连接框图如图 4-18 所示。

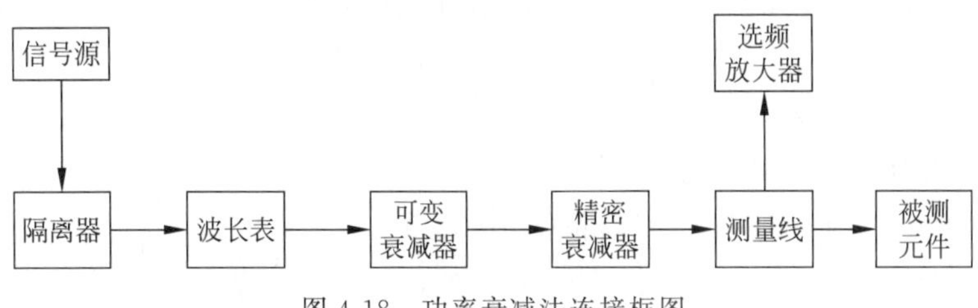

图 4-18　功率衰减法连接框图

（1）连接仪器，使系统正常工作，精密衰减器置于零衰减刻度。

（2）将测量线的探针调到驻波波节点，调节精密可变衰减器，使电表指示在 80°刻度附近，并记下该指示值。

（3）将测量线的探针调到驻波波腹点，并增加精密衰减器的衰减量，使电表指示恢复到上述指示值，读取精密衰减器刻度并换算出衰减量的分贝值 A。被测驻波系数为

$$S = 10^{A/20}$$

定义：衰减量

$$A = 10\lg \frac{P_1}{P_2} \text{dB} \tag{4-20}$$

其中，P_1 为波腹点处的输入功率；

P_2 为波节点处的输入功率。

方法是：改变测量电路中可变衰减器的衰减量，使探针位于驻波腹点和节点时指示电表的读数相同，则驻波系数：

$$\rho = 10^{\frac{A_{max} - A_{min}}{20}} \tag{4-21}$$

式中，A_{max} 和 A_{min} 分别是探针位于驻波腹点和节点时可变衰减器的衰减量，单位为 dB。

(4) 用网络分析仪测量电压驻波系数。

4.4.3 实验内容及数据处理

1. 直接法测量驻波系数

(1) 按如图 4-19 所示的框图连接微波实验系统。

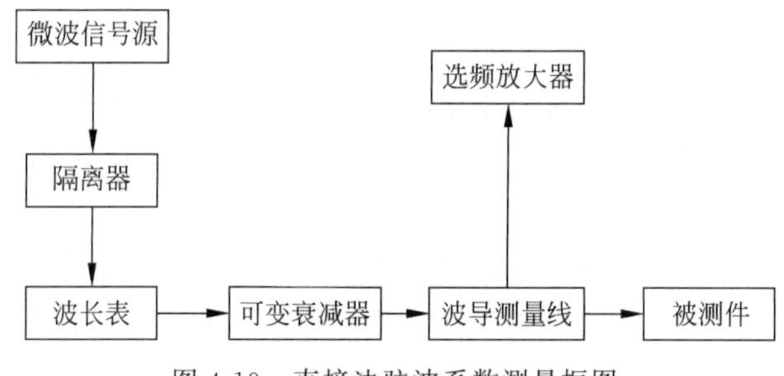

图 4-19 直接法驻波系数测量框图

(2) 调整微波信号源，使其工作在点频方波调制状态。

(3) 左右移动波导测量线探针使选频放大器有指示值。

(4) 用选频放大器测出波导测量线上位于相邻波腹点和波节点上的 U_{max} 和 U_{min}。

(5) 当检波晶体工作在平方律检波情况时，驻波比 ρ 为

$$\rho = \sqrt{I_{max}/I_{min}} = \sqrt{U_{max}/U_{min}} \tag{4-22}$$

其驻波分布如图 4-20 所示。

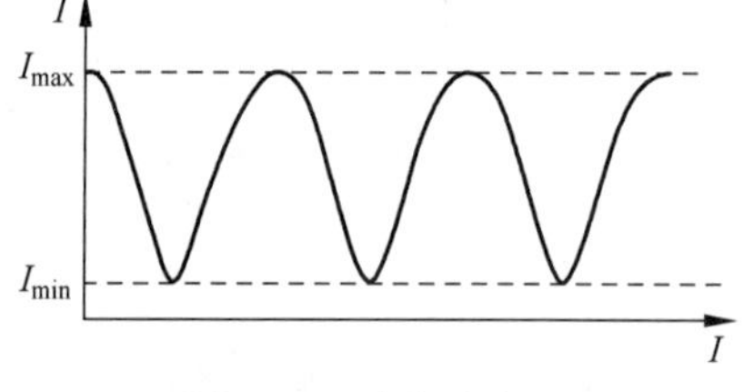

图 4-20 驻波分布图

2. 等指示度法测量驻波系数

(1) 按如图 4-21 所示连接好测量系统，开启微波信号源，选择好频率，工作方式选择“点频、方波”。

(2) 将测量线探针插入适当深度，用选频放大器测量微波的大小。

(3) 在测量线系统中，选用合适的方法测量给定器件的电压驻波系数(注：用等指示度法和直接法测量电压驻波系数)。

(4) 将测量线终端接短路片用两点法测量两个相邻波节点位置，计算 λ_g。

(5) 将测量线终端接待测负载，并将探针置于驻波节点位置，提高测试系统灵敏度，读

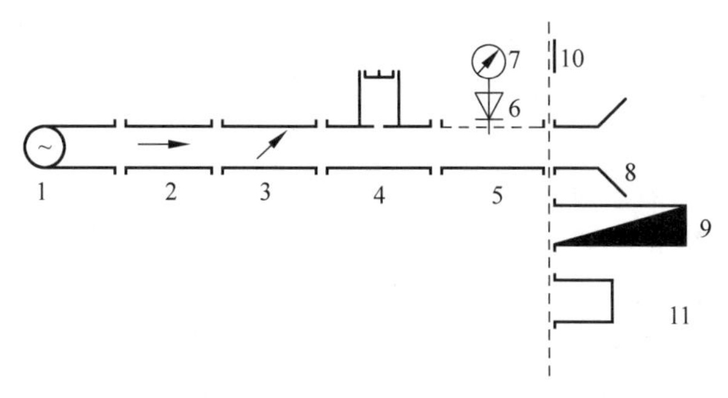

图 4-21 实验装置示意图

1—微波信号源；2—隔离器；3—衰减器；4—频率计；5—测量线；6—检波晶体；7—选频放大器；8—喇叭天线；9—匹配负载；10—短路片；11—失配负载

驻波最小点值 $I_{\min}$。

(6) 移动探针到驻波节点两边，直到指示器读数为 $2I_{\min}$ 处，读两个等指示度的探针位置(用千分测微计读)l_2 和 l_2'。$W=|l_2-l_2'|$，根据 $\rho=\sqrt{1+\dfrac{1}{\sin^2\left(\dfrac{\pi W}{\lambda_g}\right)}}$ 算出驻波系数。

(7) 测量不同负载的驻波比(短路片，短路器，开口波导及失配负载)。

(8) 整理实验数据，计算出实验内容中要求的被测件的电压驻波系数。

4.4.4 思考题

(1) 开口波导的 $\rho\neq\infty$，为什么？如果想获得真正意义的开路，应采用什么方法？

(2) 驻波节点的位置在实验中精确测准不容易，如何比较准确地进行测量？

(3) 讨论直接法、等指示度法、功率衰减法测量电压驻波比的特点。

(4) 在对测量线调谐后进行驻波比的测量时，能否改变微波的输出功率或衰减大小？

4.5 阻抗匹配技术软件仿真

4.5.1 实验目的

(1) 了解阻抗调配原理及调配方法。

(2) 熟悉单支节匹配器的匹配原理。

(3) 了解微带线的工作原理和实际应用。

(4) 掌握 Smith 图解法，设计微带线匹配网络。

(5) 通过支节匹配的软件仿真理解螺钉调配器的工作原理。

4.5.2 实验原理

随着工作频率的提高及相应波长的减小，分立元件的寄生参数效应变得更加明显，当波长变得明显小于典型的电路元件长度时，分布参数元件替代分立元件而得到广泛应用。因此，在频率高时，可在负载和传输线之间并联或串联分支短截线，以代替分立的电抗元件，实现阻抗匹配网络。

支节匹配器分单支节、双支节和三支节匹配。这类匹配器是在主传输线上并联适当的电纳，用附加的反射来抵消主传输线上原来的反射波，以达到匹配的目的。此电纳元件常用一终端短路或开路的传输线构成。

图 4-22 为单支节匹配器，其中 Z_L 为任意负载，假定主传输线和分支线的特性阻抗都是 Z_0，d 为从负载到分支线所在位置的距离，Y 和 Z 分别为在支节处向负载方向看入的主线导纳和阻抗。单支节调谐时，有两个可调参量：距离 d 和由并联开路或短路的短截线提供的电纳。匹配的基本思想是选择 d，使其在距离负载 d 处向主线看去的归一化导纳为 $1+jb$ 的形式。然后，此短截线的归一化电纳选择为 $-jb$，根据该电纳值确定分支短截线的长度，这样就达到匹配条件。

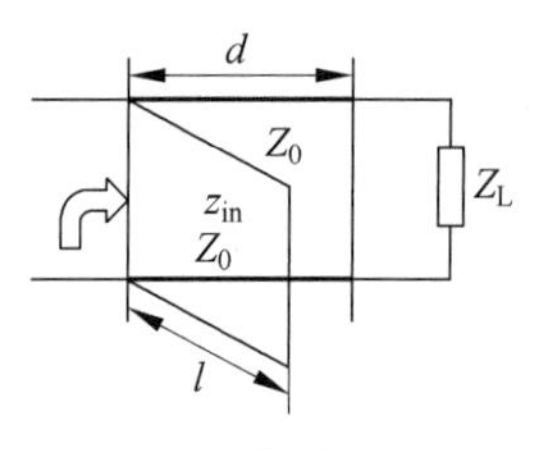

图 4-22 单支节匹配

单螺调配器即在波导宽面伸入一个金属螺钉，螺钉的作用是引入一个并联在传输线上的适当大小的电纳，当螺钉伸入较少时，相当于在波导传输线上并联了一个正的容性电纳，它的大小随着深度的增加而增加。当深度达到谐振时，电纳将增加到无限大；继续增加深度，电纳值由正变为负，呈感性。借助于导纳圆图可很方便地求出螺钉的纵向位置 l 和电纳 jB 值。由此可以看出，通过支节匹配器的软件仿真有助于深入理解螺钉调配器的工作原理。

4.5.3 实验内容

用 Microwave Office 软件仿真单支节匹配的过程。

假设：输入阻抗 $z_{in}=75\Omega$。

负载阻抗 $z_L=(64+j35)\Omega$。

特性阻抗 $z_0=75\Omega$。

介质基片 $\varepsilon_r=2.55$，$H=1$mm。

假定负载在 2GHz 时实现匹配，利用图解法设计微带线单支节匹配网络。画出几种可能的电路图并且比较输入端反射系数幅值从 1.8～2.2GHz 的变化。

4.5.4 实验步骤

(1) 建立新项目，确定项目频率。

(2) 将归一化输入阻抗和负载阻抗所在位置分别标在 Y-Smith 导纳圆图上。

(3) 设计单支节匹配网络。

(4) 画原理图。

(5) 添加测量。

(6) 完成设计后绘制 S_{11}-f 图，完成匹配网络设计。

4.6 阻抗测量及匹配技术

4.6.1 实验目的

(1) 掌握利用驻波测量线测量阻抗的原理和方法。

(2) 熟悉利用螺钉调配器匹配的方法。

(3) 熟悉 Smith 圆图的应用。

(4) 掌握用网络分析仪测量阻抗及调匹配的方法。

4.6.2　实验内容

(1) 测量给定器件的阻抗和电压驻波系数，并观察其 Smith 圆图。

(2) 在测量线系统中测量给定器件的归一化负载阻抗 z_L，并应用单螺调配器对其进行调匹配，使驻波系数 $\rho<1.1$。

4.6.3　实验原理

微波元件的阻抗参数或者天线的输入阻抗都是微波工程中的主要参数，因而阻抗测量也是微波的重要测量内容之一。本实验着重应用测量线技术测量终端型微波元件的阻抗。

由传输线理论可知，传输线归一化输入阻抗 z_{in} 与其终端归一化负载阻抗 z_L 关系为

$$z_{in}=\frac{z_L+\mathrm{j}\tan\beta l}{1+\mathrm{j}z_L\tan\beta l} \tag{4-23}$$

设传输线上第一个电压驻波最小点离终端负载的距离为 l_{min}，电压驻波最小点处的输入阻抗在数值上等于 $1/\rho$ 即

$$z_{in}\Big|_{l_{min}}=\frac{1}{\rho} \tag{4-24}$$

将 $l=l_{min}$ 及 $z_{in}=\dfrac{1}{\rho}$ 代入式(4-23)，整理得

$$z_L=\frac{1-\mathrm{j}\rho\tan\beta l_{min}}{\rho-\mathrm{j}\tan\beta l_{min}} \tag{4-25}$$

式中，$\beta=2\pi/\lambda_g$ 为波导的相移常数。

由式(4-29)可以看出，负载阻抗的测量实质上归结为电压驻波系数 ρ、驻波最小点离终端负载的距离 l_{min} 和波导波长 λ_g 的测量，当测出 ρ、λ_g 及 l_{min} 后，就能由式(4-29)计算负载阻抗 z_L。但是，这是一个复数运算，在工程上，通常由 ρ 和 l_{min} 从圆图上求出阻抗或导纳。

电压驻波系数 ρ 的测量和 λ_g 的测量在前面的实验中已经讨论过了，现在来讨论 l_{min} 的测量方法。

由于测量线结构的限制，直接测量终端负载 z_L 端面到第一个驻波最小点的距离 l_{min} 是比较困难的。因此实际测量中常用等效截面法：首先将测量线终端短路，此时沿线的驻波分布如图 4-23(a)所示。用测量线测得某一驻波节点位置 D_T，任一驻波节点与终端的距离都是半波长的整倍数 $n\lambda_g/2$，$(n=1,2,3,\cdots)$，将此位置定为终端负载的等效位置 D_T。然后去掉短路片改接被测负载，此时系统的驻波分布如图 4-23(b)中实线所示。用测量线测得 D_T 左边第一个驻波最小点的位置 D_A 及 ρ，$l_{min}=|D_T-D_A|$。

将 ρ 和 l_{min} 代入式(4-25)计算得待测元件的归一化输入阻抗。工程上有时候可以用史密斯导纳圆图来求解，如图 4-23(c)所示，驻波波节点截面处的阻抗为纯电阻，导纳值为纯电导。其归一化导纳值即是以 0 为圆心，$|\Gamma|$ 为半径的圆与纯电导轴交点 A 所代表的值。由 A 点沿等 ρ 圆向负载方向旋转 l_{min}/λ_g 得到 T 点，点 T 的读数即为待测元件的归一化导纳 y_L。

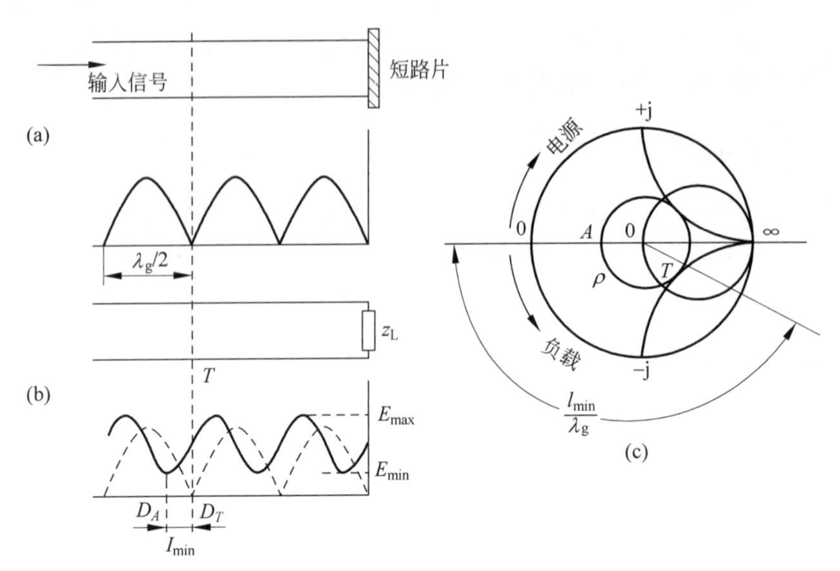

图 4-23 等效截面法示意图

在微波传输及测量技术中，阻抗匹配是一个十分重要的问题。为保证系统处于尽可能好的匹配状态而又不降低传输系统的传输效率，必须在传输线与负载之间接入某种纯电抗性元件，如单螺调配器、多螺调配器以及单短截线、双短截线等调配器件，其作用是将任意负载阻抗变换为 1+j0(归一化值)，从而实现负载和传输线的阻抗匹配。

负载和传输系统的匹配，就是要消除负载的反射，实际上，调匹配的过程就是调节调配器，使之产生一个反射波，其幅度和"失配元件"产生的反射波幅度相等、相位相反，从而抵消反射波的影响。从微波电路的角度，调配器起到了阻抗变换的作用，调配器使不匹配的元件的输入阻抗变换到传输线的特性阻抗，从而达到匹配目的。

单螺调配器即在波导宽边伸入一个金属螺钉，螺钉的作用是引入一个并联在传输线上的适当大小的电纳，当螺钉伸入较少时，相当于在波导传输线上并联了一个正的容性电纳，它的大小随着深度的增加而增加。当深度达到谐振时，电纳将增加到无限大，继续增加深度，电纳值由正变为负，呈感性。借助于导纳圆图可很方便地求出螺钉的纵向位置 l 和电纳 jb 值，如图 4-24 所示。

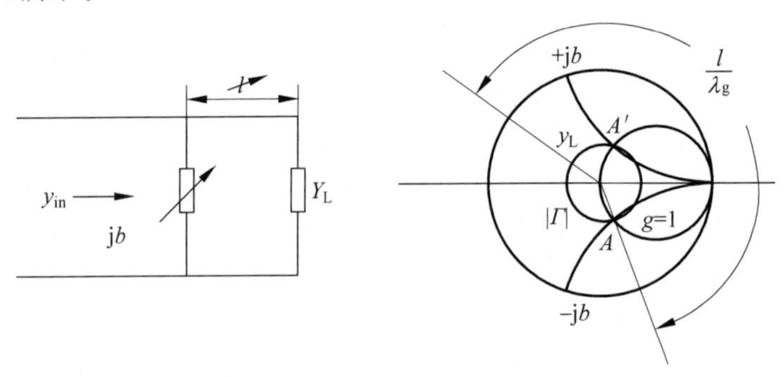

图 4-24 单螺钉调配器原理图

图中 y_L 表示被匹配的负载输入导纳的归一化值，欲使负载匹配即 $y_{in}=1+\mathrm{j}0$，首先必须使螺钉所在的平面位于 $g=1$ 的圆上，由此在圆图上求得等$|\Gamma|$圆与 $g=1$ 圆的交点 A 和

A'，A 点归一化输入导纳 $y_A=1-\mathrm{j}b$，电纳呈感性。螺钉电纳呈容性，改变螺钉深度，即能改变并联的容性电纳值，使 $y_{in}=1+\mathrm{j}0$ 得到匹配。由于滑动单螺调配器能对圆图上任一导纳值调配，故在理想情况下它的禁区为零。

4.6.4 实验装置

使用调配器调匹配的实验装置示意图如图 4-25 所示。

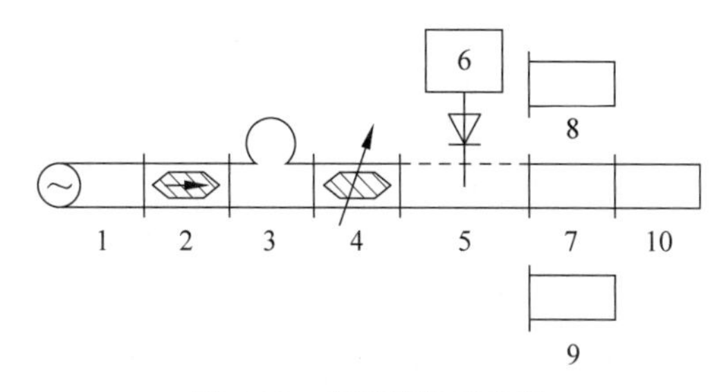

图 4-25　实验装置示意图

1—信号发生器；2—隔离器；3—频率计；4—可变衰减器；5—测量线；6—选频放大器；7—单螺调配器；8—短路片；9—同轴调配器；10—被测件

按原理图连接设备调整系统，可测得波导中(测量线)电场沿线的幅值分布如图 4-26 所示。

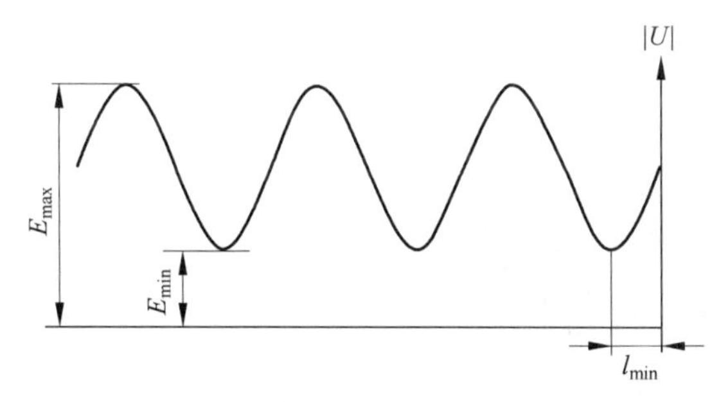

图 4-26　波导中电场沿线的幅值分布图

可由测得的波腹 U_{max} 与波节 U_{min} 值，计算出系统的驻波比及反射系数模值 $|\Gamma|$：

$$\rho=\sqrt{U_{max}/U_{min}} \tag{4-26}$$

$$|\Gamma|=[\rho-1]/[\rho+1] \tag{4-27}$$

反射系数 Γ 与同一点处的输入阻抗有如下关系：

$$z_{in}(d)=[1+\Gamma(d)]/[1-\Gamma(d)]=[1+|\Gamma|\mathrm{e}^{\mathrm{j}\varphi}]/[1-|\Gamma|\mathrm{e}^{\mathrm{j}\varphi}]$$

$$z_L=z_{in}(0)=[1+|\Gamma|\mathrm{e}^{\mathrm{j}\varphi_0}]/[1-|\Gamma|\mathrm{e}^{\mathrm{j}\varphi_0}]$$

而

$$\varphi_0=\pi[1-4l_{min}/\lambda_g]$$

式中，波导波长 λ_g 和驻波比 ρ 可由实验测量得到，反射系数的模值 $|\Gamma|$ 可由式(4-31)计算得到。由 $|\Gamma|$ 即可计算出归一化负载阻抗 z_L 或者直接利用 $z_L=\dfrac{1-\mathrm{j}\rho\tan\beta l_{min}}{\rho-\mathrm{j}\tan\beta l_{min}}$ 求出。

4.6.5 实验步骤

(1) 按原理图接好设备，开启信号源电源，使信号源工作于最佳方波、点频状态。

(2) 移动测量线探针，测量两相邻的电压最小值之间的距离，以测出传输线中的波长，即波导波长。

(3) 短路片安置在测量线的输出端上，并记下探针指示器标尺上对应于电压最小值位置的读数 D_T，即为等效参考面。

(4) 测量线的终端移去短路片，并把被测负载接在它的位置上。

(5) 测量 U_{max}、U_{min} 得到驻波比。

(6) 利用交叉读数法测出 D_T 左侧第一个驻波节点位置 D_A，并计算出 $l_{min}=|D_T-D_A|$，应用公式 $z_L=\dfrac{1-j\rho\tan\beta l_{min}}{\rho-j\tan\beta l_{min}}$ 求出负载归一化阻抗值。

(7) 利用滑动单螺调配器调配失配负载，使驻波比小于1.05。

实际测量中常采用逐步减小驻波比方法。移动调配器上螺钉的位置和插入深度，用测量线分别跟踪驻波腹点(或波节点)，直至螺钉在某一位置时，驻波腹点有下降而波节点有上升趋势。反复调整螺钉的位置和穿入深度，用测量线跟踪驻波大小，直至驻波比小于1.05。需要注意的是，在每次调配过程中，驻波的相位也会随着改变。因此，每当用测量线观察波节点和波腹点电平时，要移动探针位置，使其真正位于波节点或波腹点。调节单螺调配器，应该先粗调其位置，找出电压区间，然后采用两边逼近的原则——将最大值向减小的方向调整，将最小值向增大的方向调整。如此循环往复多次，直到电压最大值和最小值几乎接近的位置处，然后细微调节螺钉深度，观察电压变化，当最大值与最小值最为接近时即达到匹配，读出此时两个刻度值即可。

(8) 使用网络分析仪测量负载阻抗(选作)。

4.6.6 实验报告内容

(1) 整理数据，给出给定器件阻抗的测量值(归一化值)，在Smith圆图上标出。

(2) 给出给定器件的驻波系数。

(3) 分别给出调匹配前、后的阻抗曲线。

(4) 总结用同轴调配器调匹配的步骤，并比较在测量线系统和网络分析仪上的调配过程。

4.6.7 实验结果记录

(1) 波导波长：________。

(2) 探针指示器标尺上对应于电压最小值位置的读数 $D_T=$________。

(3) $U_{max}=$________，$U_{min}=$________。

(4) $\rho=\sqrt{U_{max}/U_{min}}\approx$________。

(5) D_T 左侧第一个驻波节点位置 $D_A=$________，$l_{min}=|D_T-D_A|$________，$z_L=\dfrac{1-j\rho\tan\beta l_{min}}{\rho-j\tan\beta l_{min}}=$________。

(6) 利用滑动单螺调配器调配失配负载,使驻波比小于 1.05。

(7) 调匹配后,测量得到 $U_{\max}=$_________,$U_{\min}=$_________。

(8) 计算驻波系数 $\rho=\sqrt{U_{\max}/U_{\min}}\approx$_________。

调匹配前后,在 Smith 圆图上的阻抗曲线如图 4-27 所示。

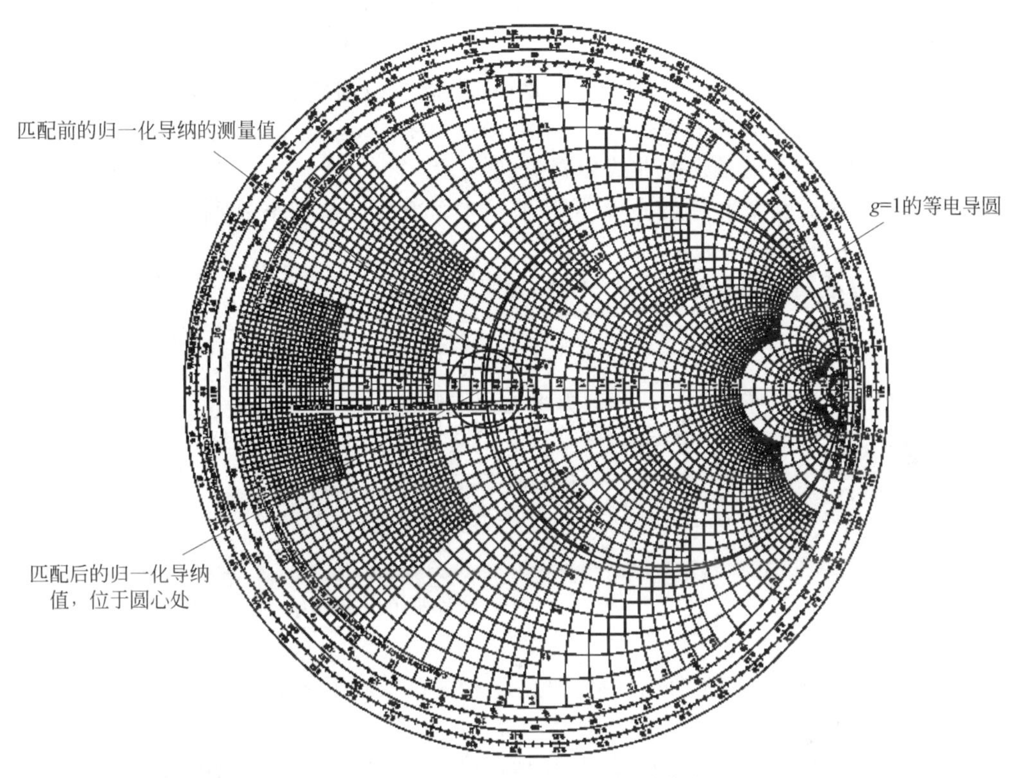

图 4-27 Smith 导纳圆图上的导纳曲线

总结用单螺调配器的调匹配的步骤(必做),并进行比较在测量线系统和网络分析仪上的调配过程(选做)。

4.6.8 思考题

(1) 匹配元件应连接在测量系统中的什么地方? 为什么?

(2) 通过实验,请总结匹配技巧。

(3) 在各项测量中,通常采用驻波图形的波节点为基准进行测量,是否可以采用波腹点做基准测量? 为什么?

(4) 在测量单螺调配器驻波比时,为什么要在单螺调配器后面紧跟上一个匹配负载?

4.7 用谐振腔微扰法测量介电常数

微波介质材料的介电特性的测量,对于研究材料的微波特性和制作微波器件,获得材料的结构信息以促进新材料的研制,以及促进现代尖端技术(吸收材料和微波遥感)等都有重要意义。

4.7.1 实验目的

(1) 了解谐振腔的基本知识。

(2) 学习用谐振腔法测量介质特性的原理和方法。

4.7.2 实验原理

本实验采用反射式矩形谐振腔测量微波介质特性。反射式谐振腔是将一段标准矩形波导管的一端加上带有耦合孔的金属板,另一端加上封闭的金属板,构成谐振腔,具有储能、选频等特性。反射式谐振腔的谐振曲线如图 4-28 所示。

谐振条件:谐振腔发生谐振时,腔长必须是半个波导波长的整数倍,此时,电磁波在腔内连续反射,产生驻波。

谐振腔的有载品质因数 Q_L 由式(4-28)确定:

$$Q_L = \frac{f_0}{|f_1 - f_2|} \tag{4-28}$$

式中,f_0 为腔的谐振频率;f_1,f_2 分别为半功率点频率。

当不加介质棒时,反射式谐振腔 TE_{mnp} 模式谐振频率的理论计算公式为

$$f_0 = \frac{1}{2\sqrt{\mu\varepsilon}}\sqrt{\left(\frac{m}{a}\right)^2 + \left(\frac{n}{b}\right)^2 + \left(\frac{p}{l}\right)^2}$$

式中,$m=0,1,2,3,\cdots,n=0,1,2,3,\cdots,p=1,2,3,\cdots$,且 m 和 n 不能同时为零;a、b 和 l 分别为矩形波导横截面的宽边长度、窄边长度和谐振腔的长度;μ 和 ε 分别为谐振腔中所填充介质的介电常数。

谐振腔的 Q 值越高,谐振曲线越窄,因此 Q 值的高低除了表示谐振腔效率的高低之外,还表示频率选择性的好坏。

如果在矩形谐振腔内插入一样品棒,样品在腔中电场作用下就会被极化,并在极化的过程中产生能量损失,因此,谐振腔的谐振频率和品质因数将会变化。

电介质在交变电场下,其介电常数 ε 为复数,ε 和介质损耗角正切 $\tan\delta$ 可由式(4-29)表示为

$$\varepsilon = \varepsilon' - j\varepsilon'', \quad \tan\delta = \frac{\varepsilon''}{\varepsilon'} \tag{4-29}$$

式中,ε' 和 ε'' 分别表示 ε 的实部和虚部。

选择 TE_{10n},(n 为奇数)的谐振腔,将样品置于谐振腔内微波电场最强而磁场最弱处,即 $x=a/2$,$z=l/2$ 处,且样品棒的轴向与 y 轴平行,如图 4-29 所示。

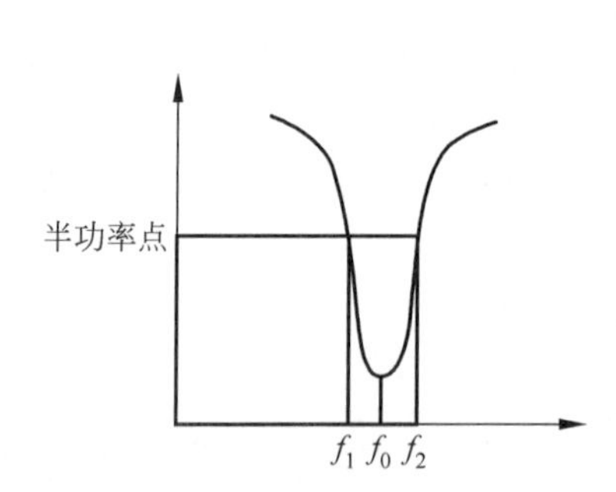

图 4-28 反射式谐振腔谐振曲线

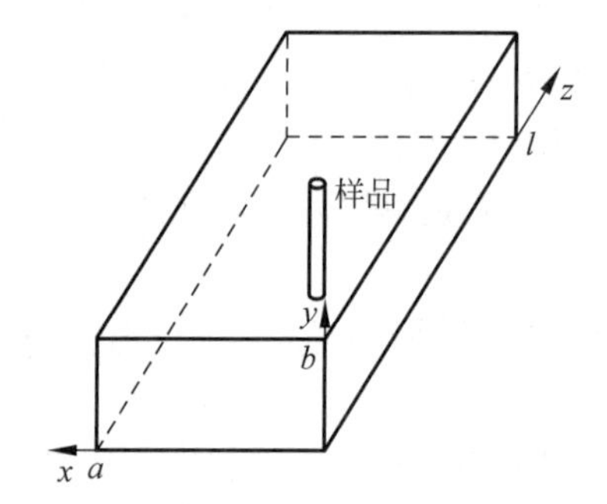

图 4-29 微扰法 TE_{10n} 模式矩形腔示意图

假设：

(1) 样品棒的横向尺寸 d(圆形的直径或正方形的边长)与棒长相比小得多(一般 $d/h<1/10$)，则 y 方向的退磁场可以忽略。

(2) 介质棒样品体积 V_s 远小于谐振腔体积 V_0，则可以认为除样品所在处的电磁场发生变化外，其余部分的电磁场保持不变，因此可以把样品看成一个微扰，则样品中的电场与外电场相等。

根据谐振腔的微扰理论可得式(4-30)

$$\begin{cases}\dfrac{f_s-f_0}{f_0}=-2(\varepsilon'-1)\dfrac{V_S}{V_0}\\[2ex]\Delta\dfrac{1}{Q_L}=4\varepsilon''\dfrac{V_S}{V_0}\end{cases}\tag{4-30}$$

式中，f_0、f_s 分别为谐振腔放入样品前后的谐振频率，$\Delta(1/Q_L)$为样品放入前后谐振腔的有载品质因数的倒数的变化，即

$$\Delta\left(\frac{1}{Q_L}\right)=\frac{1}{Q_{LS}}-\frac{1}{Q_{L0}}\tag{4-31}$$

式中，Q_{L0}、Q_{LS} 分别为放入样品前后的谐振腔有载品质因数。

4.7.3　实验装置

实验装置示意图如图 4-30 所示。

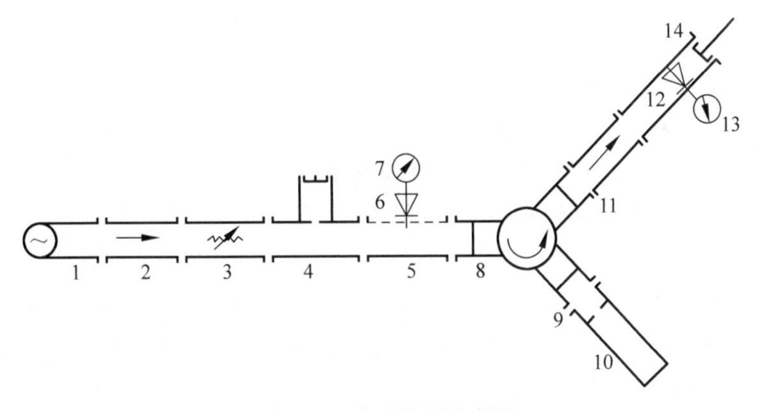

图 4-30　实验装置示意图

1—微波信号源；2—隔离器；3—衰减器；4—波长表；5—测量线；6—检波晶体；7—选频放大器；8—环形器；9—耦合片；10—反射式谐振腔；11—隔离器；12—晶体检波器；13—示波器；14—可调短路活塞

(1) 调整微波信号源需工作在最佳等幅、扫频状态。

(2) 晶体检波器接头最好是满足平方律检波的，这时检波电流表示相对功率($I\propto P$)。

(3) 检波指示器用来测量反射式谐振腔的输出功率，量程为 0～100μA。

(4) 微波的频率用波长表测量刻度，通过查表确定微波信号的频率。

(5) 用晶体检波器测量微波信号时，为获得最高的检波效率，其上都装有一可调短路活塞，调节其位置，可使检波管处于微波的波腹。改变微波频率时，也应改变晶体检波器短路活塞位置，使检波管一直处于微波波腹的位置。

4.7.4 实验内容

(1) 按图 4-31 连接各部件。注意，反射式谐振腔前必须加上带耦合孔的耦合片。

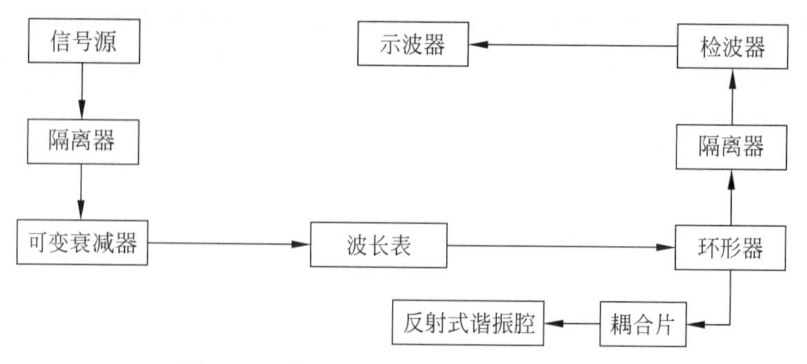

图 4-31 介质 ε 及 $\tan\delta$ 测试系统方框图

(2) 开启微波信号源，选择等幅、扫频方式，预热 30min。

(3) 根据谐振腔的尺寸，用公式计算它的谐振频率，一定要保证 n 为奇数(样品谐振腔：长 66mm，宽 22.86mm，高 10.16mm；样品：半径 0.7mm，高 10.16mm)。

(4) 在样品未插入腔内时，找出样品谐振腔的谐振频率(即改变扫频信号源的扫频范围)。此时在示波器中观察输出图像出现吸收峰，该处频率即为样品谐振腔的谐振频率，这即为工作模区。仔细调节波长计，使得示波器上观察到的谐振曲线如图 4-32 所示。图中较窄的吸收峰为吸收式波长计所产生的，可见波长计的 Q 值比谐振腔的 Q 值大得多。调节波长计，可见波长计产生的吸收峰在谐振腔产生的吸收峰上滑动，此时可通过波长计测量谐振频率 f_0，以及半功率点的频率 f_1，f_2。

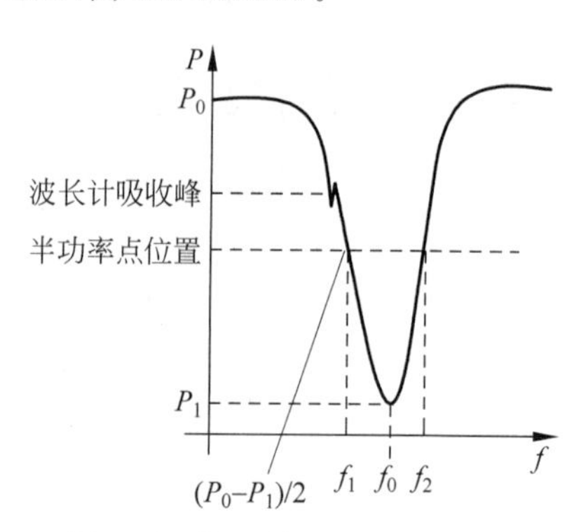

图 4-32 样品谐振腔的谐振曲线

(5) 计算得到空腔的有载品质因数：通过波长计测得的样品腔谐振频率 f_0，以及半功率点的频率 f_1，f_2，可以计算出样品谐振腔的品质因数，公式为：$Q_L = f_0/|f_1 - f_2|$，注意，f_1、f_2 与 f_0 的差别很小，约 0.003GHz。

(6) 加载样品，改变信号源频率，重新寻找其谐振频率，测量其品质因数。

在样品插入后，改变信号源的中心工作频率，使谐振腔处于谐振状态，再用上述方法测量谐振频率 f_s 和半功率频宽 $|f_1' - f_2'|$。利用公式 $Q_L' = f_s/|f_1' - f_2'|$，得到样品放入后的品质因数。

(7) 计算介质棒及谐振腔的体积(样品谐振腔：长 66mm，宽 22.86mm，高 10.16mm；样品：半径 0.7mm，高 10.16mm)。

(8) 利用式(4-28)～式(4-31)联合求解介质棒的介电常数和介质损耗角正切。

4.7.5 实验注意事项

(1) 按图 4-31 连接测试系统，使信号源处于扫频工作状态，接入隔离器及环形器时要注意其方向使信号首先进入反射式谐振腔。开启微波信号源,选择等幅方式,预热 30min。

(2) 作样品谐振腔的谐振曲线需用扫频信号源,若没有扫频信号源,则应逐点改变信号源的频率,并保持每个频率上有相同的输出功率。

4.7.6 思考题

(1) 如何判断谐振腔是否谐振?

(2) 本实验中,谐振腔谐振时为什么必须是奇数?

(3) 若用传输式谐振腔如何测量介质的介电常数,可否画出实验装置。

第5章 微波收发系统的测量

CHAPTER 5

5.1 微波通信技术

微波通信由于其频带宽、容量大，可以用于各种电信业务的传送，如电话、电报、数据、传真以及彩色电视等均可通过微波电路传输。微波通信具有良好的抗灾性能，对水灾、风灾以及地震等自然灾害，微波通信一般都不受影响。

图5-1所示为一个数字微波通信系统的功能框图和基本组成部分。

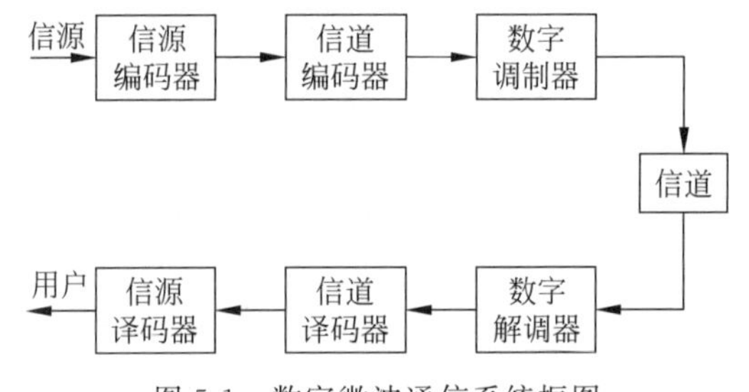

图5-1 数字微波通信系统框图

频谱是宝贵的资源。为了有效使用有限的频率，对频率的分配和使用必须服从国际和国内的统一管理，否则将造成互相干扰或频率资源的浪费。原邮电部根据国家无线电委员会规定现阶段取160MHz频段、450MHz频段、900MHz频段作为移动通信工作频段。

(1) 160MHz频段：138～149.9MHz，150.05～167MHz。

(2) 450MHz频段：403～420MHz，450～470MHz。

(3) 900MHz频段：890～915MHz(移动台发、基站收)，935～960MHz(基站发、移动台收)。

在本节，学生主要是利用微波测量仪器和配件、微波(TV)发射机电路模块、微波接收机电路模块、射频/微波电路测试模块和器件，进行5个大项的实验，分别为：

(1) 微波实验单元项目。

(2) 微波设计综合实验。

(3) 微波收发机的系统调测。

(4) 天线的特性和测量。

(5) 简易无线数字调制通信系统的设计和实现。

5.2　微波无源器件

5.2.1　衰减器的特性

衰减器包括无源衰减器和有源衰减器两种。有源衰减器与其他热敏元件相配合可以组成可变衰减器，装置在放大器内部的自动增益控制电路中。无源衰减器又包括固定衰减器和可调衰减器两种。

工程中常用的同轴固定衰减器如图5-2所示。

图5-2　同轴固定衰减器

其主要技术指标如下。

1. 工作频带

衰减器的工作频带是指衰减器能够达到技术指标要求的工作频率范围。衰减器通常是一个宽带衰减器，衰减器的工作频带一般会远远大于具体应用的通信系统的工作带宽。

2. 功率容量

衰减器是一种能量消耗元件，射频功率消耗后会变成热量。衰减器的功率容量是有限的，如果让衰减器承受的功率超过这个极限值，衰减器就会被烧毁，在使用衰减器时要特别注意。

3. 衰减量

无论衰减器的具体结构如何，总是可以用一个两端口网络来描述衰减器，如图5-3所示。

图5-3　衰减器的特性示意图

如果衰减器输入端的输入信号功率为P_{in}，输出端的输出信号功率为P_{out}，则衰减器的功率衰减量A(dB)与输入功率(P_{in})和输出功率(P_{out})的关系如下：

$$A = 10\lg\left(\frac{P_{in}}{P_{out}}\right) = P_{in} - P_{out} \tag{5-1}$$

可以看出，衰减量描述的是射频信号通过衰减器后功率变小的程度，衰减量的大小由构成衰减器的材料和结构确定，单位是dB。

4. 幅频特性

在衰减器的工作频带内，不同频率的射频信号通过衰减器时的衰减量会有所差异，幅频特性是指在指定的工作频带内衰减量随频率变化的程度，一般用指定频带内不同频率信号的最大衰减和最小衰减的差值表示，单位为：$dB_{p\text{-}p}$/工作带宽。

5. 回波损耗(驻波比)

回波损耗用来描述衰减器的阻抗匹配特性，衰减器两个端口的回波损耗应当尽可能大(即输入和输出驻波比应尽可能小)。衰减器是一个功率消耗器件,不应对输入和输出端的电路产生影响,与两端的电路都要匹配,在设计和使用衰减器时,这也是一个重要参数。

5.2.2 定向耦合器的特性

定向耦合器也是一种简单和常用的微波无源器件,如图5-4所示。它是一个四端口微波器件,可以从一条传输链路上获取一部分能量(耦合)到另一条链路,进行功率分配或在线测量。

定向耦合器的种类和形式很多,结构上的差异较大,工作原理也不尽相同,因此可以从不同的角度对定向耦合器进行分类。

(1) 按传输线的类型可分为波导型、腔体型、同轴线型、带状线与微带线型等。

(2) 按耦合方式可分为分支线耦合、平行线耦合、小孔耦合等。

(3) 按耦合输出的相位可分为90°定向耦合器、180°定向耦合器等。

(4) 按耦合输出的方向可分为同向定向耦合器、反向定向耦合器等。

在移动通信射频分布系统中,通常使用800～2500MHz的腔体或微带型定向耦合器。

1. 定向耦合器的应用

(1) 利用定向耦合器可以从传输线中获得一部分能量,用于监测信号的功率、频率和频谱。

(2) 利用定向耦合器可以组成反射计,用于测量馈线或微波器件的回波损耗和驻波比。

(3) 在移动通信射频分布系统中,大量采用定向耦合器,从传输链路中耦合一部分信号功率,经分布天线发射,实现指定区域的无线信号覆盖。

(4) 在进行微波信号的功率测量时,可以利用定向耦合器来扩大功率测量范围,由一个定向耦合器、一个大功率负载和一台小功率计组成测量中、大功率的测量系统。

(5) 在雷达系统中,利用定向耦合器将主线中的一小部分能量提取出来,馈送到回波箱,供雷达整机的调试和测量使用。

标准的定向耦合器是一个四端口的微波网络,如图5-4(a)所示。在实际工程应用中,为了节约成本和使用方便,一般只提供传输方向的耦合端口,如图5-4(b)和(c)所示。

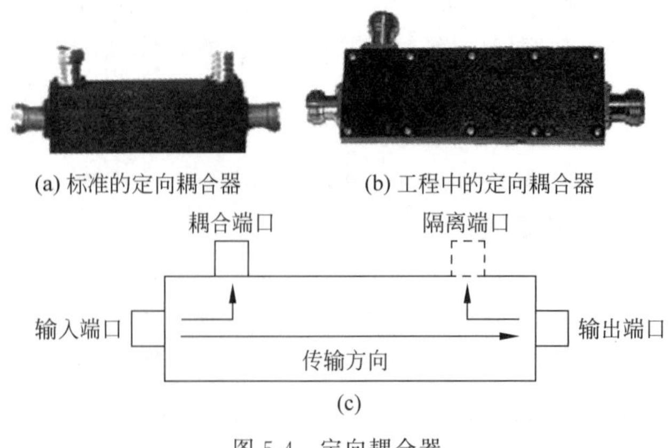

(a) 标准的定向耦合器　(b) 工程中的定向耦合器

(c)

图5-4　定向耦合器

2. 定向耦合器的基本原理

定向耦合器由主线和副线组成,主线和副线之间有一定的耦合关系,如图 5-5 所示。

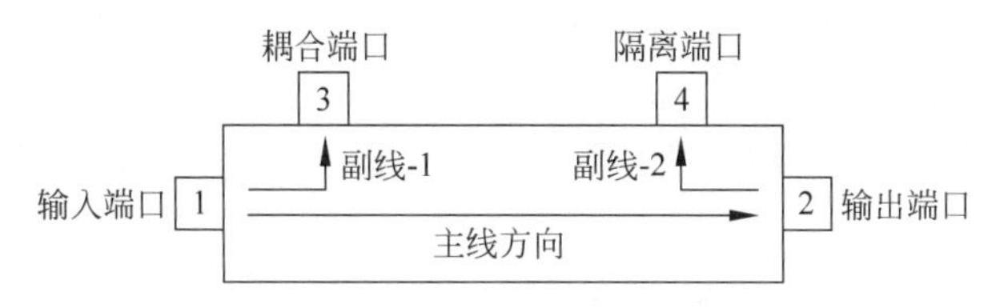

图 5-5 定向耦合器的原理框图

这种类型的定向耦合器称为同向定向耦合器。正常使用时,射频信号从端口 1 输入,端口 1 为输入端口,端口 2 为输出端口,端口 3 为耦合端口,端口 4 为隔离端口。当射频信号由主线的输入端口 1 向输出端口 2 传输时,如果输出端口 2 连接匹配负载,则副线上耦合端口 3 有耦合信号输出,而隔离端口 4 理论上没有信号输出。但实际上由于受到定向耦合器的方向性的影响,隔离端口 4 也会有少量的信号输出,隔离端口 4 输出信号的功率大小取决于定向耦合器的隔离度(或方向性系数)。

定向耦合器也是一个可逆网络,如果射频信号从端口 2 输入,则端口 2 为输入端口,端口 1 为输出端口,端口 4 为耦合端口,端口 3 为隔离端口。

3. 定向耦合器的主要技术指标

定向耦合器的主要技术指标包括工作频带、功率容量、耦合度、耦合损耗、插入损耗、幅频特性、隔离度、方向性系数、回波损耗(驻波比)等。

1) 工作频带

定向耦合器的工作频带是指其耦合度、插入损耗、隔离度和回波损耗等主要技术指标都满足要求时的工作频率范围。例如,目前在移动通信射频分布系统中使用的定向耦合器,工作频带应当大于 800～2500MHz。

2) 功率容量

定向耦合器的功率容量是指定向耦合器可以承受的最大输入功率。在实际使用时,必须保证定向耦合器的功率容量大于射频信号的最大输入功率。定向耦合器的功率容量主要取决于结构形式,腔体结构的功率容量大,带状线结构的功率容量小。

3) 耦合度

定向耦合器的耦合度(C)定义为当输出端口连接匹配负载时,输入端口的输入功率(P_{in})与耦合端口的输出功率(P_c)之比,通常用 dB 表示,即

$$C = 10\lg(P_{in}/P_c) = P_{in} - P_c \tag{5-2}$$

耦合度表征了定向耦合器的耦合端耦合主线信号的强弱水平。当输入信号的功率一定时,耦合度越小,耦合端的耦合输出功率越大;耦合度越大,耦合端的耦合输出功率越小。通常,将耦合度在 10dB 以下的定向耦合器称为强耦合的定向耦合器,将耦合度在 20dB 以上的定向耦合器称为弱耦合的定向耦合器。

4) 耦合损耗(分配损耗)

由于定向耦合器的主线中有一部分信号的能量被分配到了耦合端,因此主线上会存在理论上固有的分配损耗,也称为耦合损耗。耦合损耗是主线总损耗的最小理论值,耦合损耗的大小与耦合度有关,耦合度越大,耦合损耗越小。计算公式如下:

$$L_c = 10\lg[P_{in}/(P_{in} - P_c)] = 10\lg\left(\frac{P_{in}/P_c}{P_{in}/P_c - 1}\right) = 10\lg[N/(N-1)] \quad (5\text{-}3)$$

其中，L_c 是定向耦合器的耦合损耗，单位为 dB；$N=P_{in}/P_c$ 是耦合度的真值(即 $C=10\lg N$)。

常用定向耦合器的耦合损耗如表 5-1 所示。可以看出，如果定向耦合器的耦合度在 20dB 以上，耦合损耗就可以忽略不计。

表 5-1 常用定向耦合器的耦合损耗

耦合度/dB	5	6	7	8	10	15	20
耦合损耗/dB	1.7	1.3	1.0	0.7	0.5	0.1	0.04

5) 插入损耗

定向耦合器的插入损耗是指当功率由主传输线的端口 1 向端口 2 传输时主传方向的功率损耗。定向耦合器主线的插入损耗包括耦合损耗和实际功率损失(传输损耗)两部分。在实际测量过程中，一般直接测量主线的插入损耗，减去相应的耦合损耗，就可以得到传输损耗，即

$$\text{插入损耗：} L_I = P_{in} - P_{out} \quad (5\text{-}4)$$

$$\text{传输损耗：} L_T = L_I - L_c \quad (5\text{-}5)$$

例如，定向耦合器的耦合度为 10dB，耦合损耗为 0.5dB，如果实测主线的插入损耗为 0.8dB，则定向耦合器的传输损耗为 0.3dB。定向耦合器的传输损耗通常在 0.2dB 左右，可以作为判定定向耦合器好坏的基本参数之一。

6) 幅频特性

在定向耦合器的工作频带内，不同频率的耦合度(或插入损耗)会有所差异，幅频特性是指在指定工作频带内耦合度(或插入损耗)随频率变化的程度，一般用指定频带内最大耦合度和最小耦合度(或最大插入损耗和最小插入损耗)的差值表示，单位为 $dB_{p\text{-}p}$/工作频带。

7) 隔离度

定向耦合器的隔离度定义为当输出端口 2 和耦合端口 3 接匹配负载时，输入端口 1 与隔离端口 4 之间的信号衰减量。在理想情况下，副线中的隔离端口 4 应当没有功率输出(隔离度应为无穷大)。但实际上由于设计或加工的不完善，会有很小的一部分信号功率从隔离端输出，使隔离度不是无穷大。常用的定向耦合器的隔离度指标一般要求大于 20dB。工程中使用的定向耦合器并没有提供正向的隔离端口，因此实际测量的通常是当输入端口 1 接匹配负载时，输出端口 2 与耦合端口 3 之间的信号衰减量(定向耦合器反向使用)。

8) 方向性系数

在工程上也会经常采用方向性系数来表征耦合通道的隔离性能。定向耦合器的方向性系数定义为当输入端口 1 和输出端口 2 接匹配负载时，耦合端口 3 与隔离端口 4 之间的信号衰减量。方向性系数实际上等于隔离度和耦合度之差。

9) 回波损耗(驻波比)

回波损耗或驻波比用于衡量定向耦合器各端口的阻抗匹配特性。定向耦合器所有端口的回波损耗应当尽可能大(即驻波比应尽可能小)。定向耦合器是一个信号分配(合路)器件，不应对输入端、输出端和耦合端的电路造成影响，所有端口都需要与连接电路匹配。

5.3　微波实验单元项目

5.3.1　频谱分析仪的使用

以下实验按照图5-6所示的方式进行连接测试。

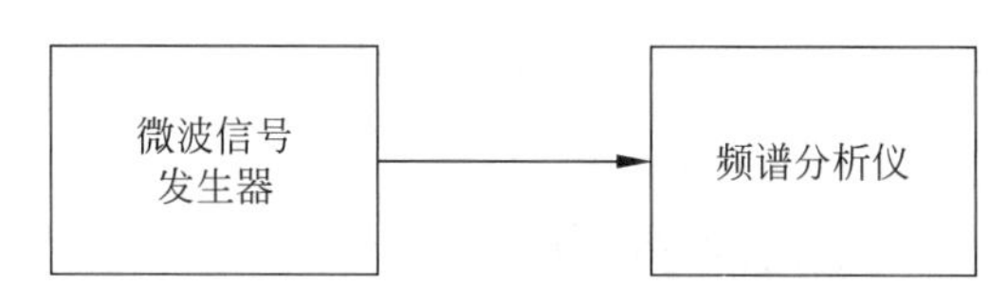

图5-6　单载波信号的频谱测量

1. 单载波信号的频谱测量

(1) 设置微波信号发生器输出指定频率和功率的单载波信号(如900MHz、−10dBm)。

(2) 设置频谱分析仪的中心频率为微波信号发生器的输出频率,设置合适的扫描带宽,适当调整参考电平,使频谱图显示在合适的位置(如图5-7所示)。

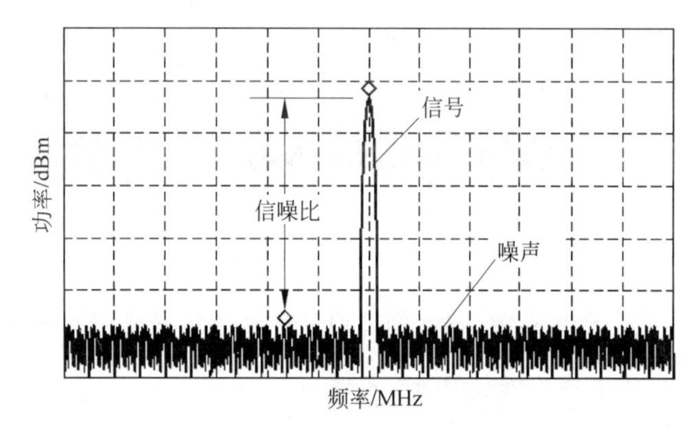

图5-7　单载波信号的频谱图

(3) 用峰值搜索功能测量信号的频率和电平,测试数据记录到表5-2中。

(4) 用差值光标功能测量信号和噪声的相对电平(信噪比),同时记录频谱分析仪的分辨率带宽设置,测试数据记录到表5-2中。

表5-2　单载波信号的频谱测量

频率设置/MHz	850	900	950
电平设置/dBm	−10	−15	−20
实测频率/MHz			
实测电平/dBm			
信噪比/(dB/RBW)			

2. 带载波信号的杂散测量

(1) 设置微波信号发生器输出指定频率和功率的正弦波(如850MHz、−20dBm)。

(2) 设置频谱分析仪的中心频率为微波信号发生器的输出频率,设置合适的扫描带宽,适当调整参考电平,使频谱图显示在合适的位置。

(3) 用频谱分析仪测量输出信号的频率和电平，测试数据记录到表 5-3 中。

表 5-3　杂散波测量

信号频率/MHz	信号电平/dBm	杂散抑制度/dB
850		
900		
950		

(4) 增加频谱分析仪的扫描带宽(如 100MHz)，用手动设置功能适当减小频谱分析仪的分辨率带宽，观察频谱图的变化，直到观测到杂散信号(或噪声低于信号 70dB)为止，如图 5-8 所示。

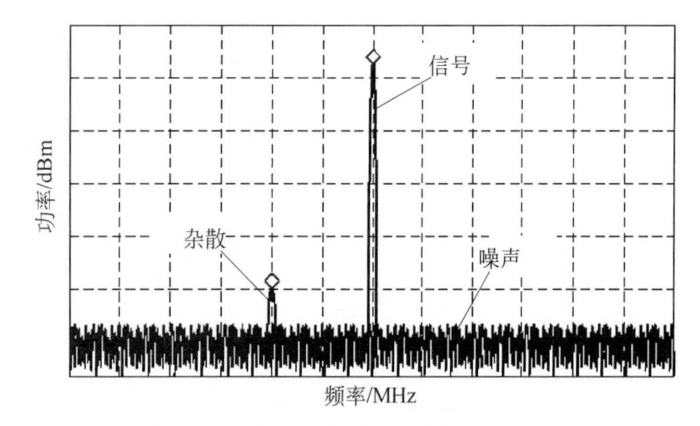

图 5-8　杂散的频谱图

(5) 在频谱图中确定最大杂散信号，用差值光标功能测量信号和最大杂散信号的相对电平(杂散抑制度)，测试数据记录到表 5-3 中。

3. 相位噪声测量

(1) 设置微波信号发生器输出指定频率和功率的单载波信号(如 850MHz、−10dBm)。

(2) 设置频谱分析仪的中心频率为微波信号发生器的输出频率，设置扫描带宽为 50kHz，设置合适的分辨率带宽和视频带宽，适当调整参考电平，使频谱图显示在合适的位置，如图 5-9 所示。

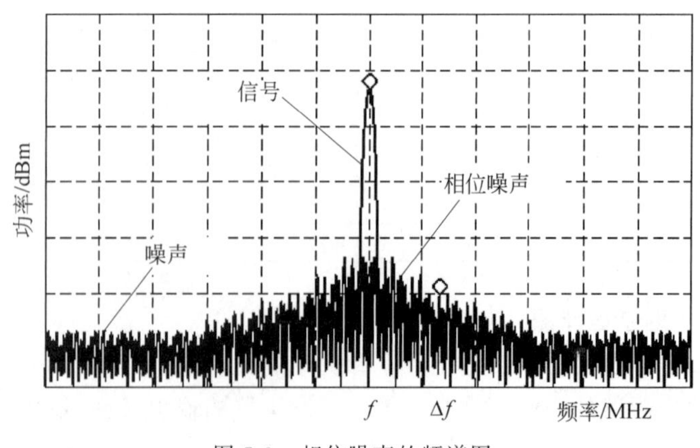

图 5-9　相位噪声的频谱图

(3) 用峰值搜索功能测量信号的频率和电平,测试数据记录到表 5-4 中。

(4) 用差值光标和噪声光标功能测量偏离信号 10kHz 的相位噪声,测试数据记录到表 5-4 中。

(5) 将扫描带宽设置为 500kHz,设置合适的分辨率带宽和视频带宽。利用同样的方法测量偏离信号 100kHz 的相位噪声,测试数据记录到表 5-4 中。

(6) 改变输出频率,重复以上测量,测试数据记录到表 5-4 中。

表 5-4 相位噪声测量

信号频率/MHz	信号电平/dBm	相位噪声/(dB/Hz)	
		偏离 10kHz	偏离 100kHz
850			
900			
950			

4. 幅频特性测量

(1) 设置微波信号发生器输出指定频率和功率的单载波信号(如 850MHz、−20dBm)。

(2) 设置频谱分析仪的中心频率为微波信号发生器的输出频率,设置合适的扫描带宽(如 100MHz),适当调整参考电平,使频谱图显示在合适的位置。

(3) 设置频谱分析仪的轨迹为最大值保持功能。

(4) 按照一定的步进(如 0.1MHz),用手动旋钮(或自动扫频)在指定的频率范围内(如 830~870MHz)调整微波信号发生器的输出频率,观测频谱分析仪显示的幅频特性曲线(如图 5-10 所示)。

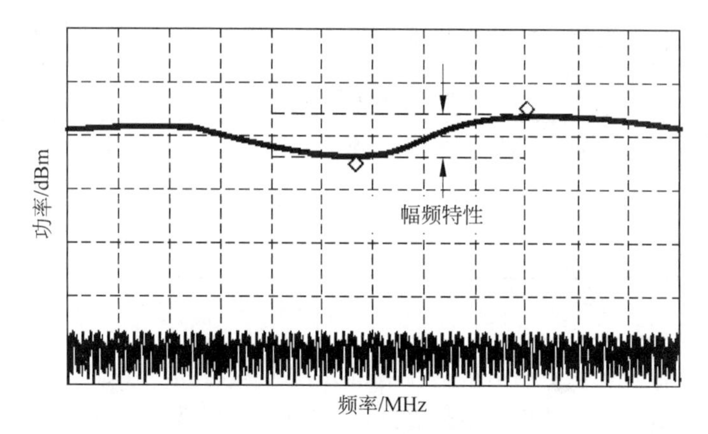

图 5-10 幅频特性曲线

(5) 用峰值搜索功能测量输出信号在指定频带内的最高电平,测试数据记录到表 5-5 中。

(6) 用差值光标功能测量输出信号在指定频带内的幅频特性,测试数据记录到表 5-5 中。

(7) 改变测试频率范围,重复以上测量,测试数据记录到表 5-5 中。

表 5-5 幅频特性测量

频率范围/MHz	最高电平/dBm	幅频特性/(dB_{p-p}/工作带宽)
850±20	−20.97	1.3/40=
900±20	−20.88	1.1/40=
950±20		

注：表 5-5 中三个频率范围均需测量，所给的最高电平和幅频特性的数值为示例。

5.3.2 衰减器的特性测量

以下实验按照图 5-11 所示的方式进行连接测试。

图 5-11 衰减器的衰减量测量

1. 衰减量的测量

(1) 设置微波信号发生器输出指定频率和功率的单载波信号(如 850MHz、−10dBm 和 −20dBm)。

(2) 将输入和输出电缆短接。用频谱分析仪测量衰减器的输入信号电平，测试数据记录到表 5-6 中。

(3) 接入被测衰减器。用频谱分析仪测量衰减器的输出信号电平，计算衰减器的衰减量以及与标称值的误差，测试数据记录到表 5-6 中。

(4) 改变微波信号发生器的输出频率，重复以上测量，测试数据记录到表 5-6 中。

表 5-6 衰减器的衰减量测量

测试频率/MHz	输入信号电平/dBm	输出信号电平/dBm	衰减量/dB	标称误差/dB
850				
900				
950				

2. 幅频特性测量

(1) 设置微波信号发生器输出指定频率和功率的单载波信号(如 850MHz、−20dBm)。

(2) 将输入和输出电缆短接。用频谱分析仪测量并记录衰减器的输入信号电平。

(3) 接入被测衰减器。设置频谱分析仪的中心频率为指定频率(如 850MHz)，设置合适的扫描带宽(如 100MHz)，适当调整参考电平，使频谱图显示在合适的位置。

(4) 设置频谱分析仪的轨迹为最大值保持功能(Trace→Trace Type→Max Hold)。

(5) 按照一定的步进(如 0.1MHz)，用手动旋钮在指定的频率范围内(如 830～870MHz)调整微波信号发生器的输出频率，在频谱分析仪上显示出幅频特性曲线。

(6) 根据频谱分析仪显示的幅频特性曲线，测量并计算衰减器在指定频带内的最小衰减量和幅频特性，测试数据记录到表 5-7 中。

表 5-7　衰减器的幅频特性测量

频率范围/MHz	最小衰减量/dBm	幅频特性/(dB_{p-p}/工作带宽)
850±20		
900±20		
950±20		

5.3.3　定向耦合器的特性测量

1. 耦合度测量

(1) 按照图 5-12 所示的方式连接测试系统。

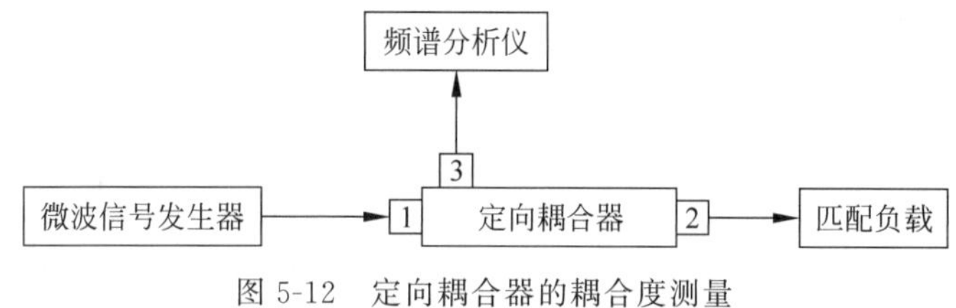

图 5-12　定向耦合器的耦合度测量

(2) 设置微波信号发生器输出指定频率和功率的单载波信号(如 850MHz、－20dBm)。

(3) 将输入和输出电缆短接。用频谱分析仪测量定向耦合器输入端口 1 的输入信号电平,测试数据记录到表 5-8 中。

(4) 接入被测定向耦合器(注意输出端口接匹配负载)。用频谱分析仪测量定向耦合器耦合端口 3 的输出信号电平,计算定向耦合器的耦合度和耦合损耗,测试数据和计算数据列入表 5-8 中。

(5) 改变测试频率,重复以上测量,测试数据列入表 5-8 中。

表 5-8　定向耦合器的耦合度测量

测试频率/MHz	850	900	950
端口 1 输入功率/dBm			
端口 3 输出功率/dBm			
耦合度/dB			
耦合损耗/dB			

2. 插入损耗测量

(1) 按照图 5-13 所示的方式连接测试系统。

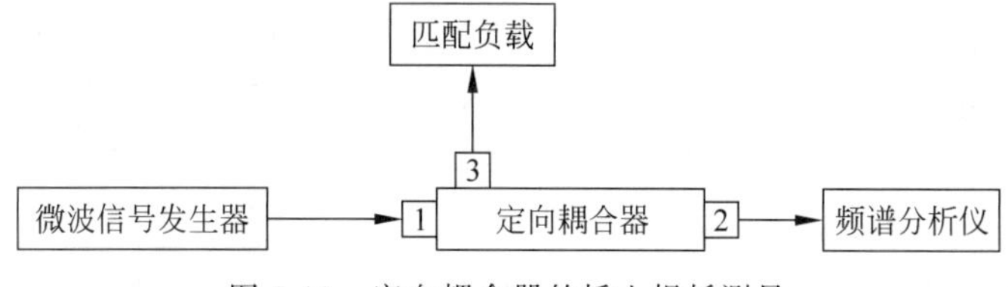

图 5-13　定向耦合器的插入损耗测量

(2) 设置微波信号发生器输出指定频率和功率的单载波信号(如 850MHz、-20dBm)。

(3) 将输入和输出电缆短接。用频谱分析仪测量定向耦合器输入端口 1 的输入信号电平,测试数据记录到表 5-9 中。

(4) 接入被测定向耦合器(注意耦合端口 3 接匹配负载)。用频谱分析仪测量定向耦合器输出端口 2 的输出信号电平,计算定向耦合器的插入损耗和传输损耗,测试数据记录到表 5-9 中。

(5) 改变测试频率,重复以上测量,测试数据列入表 5-9 中。

表 5-9　定向耦合器的插入损耗测量

测试频率/MHz	850	900	950	备　注
(耦合度/dB)/(耦合损耗/dB)				将表 5-8 中已测得的耦合度/耦合损耗数值填入
端口 1 输入功率/dBm				
端口 2 输出功率/dBm				
插入损耗/dB				
传输损耗/dB				

3. 定向耦合器的隔离度测量

(1) 按照图 5-14 所示的方式连接测试系统(测量 2、3 端口的隔离度)。

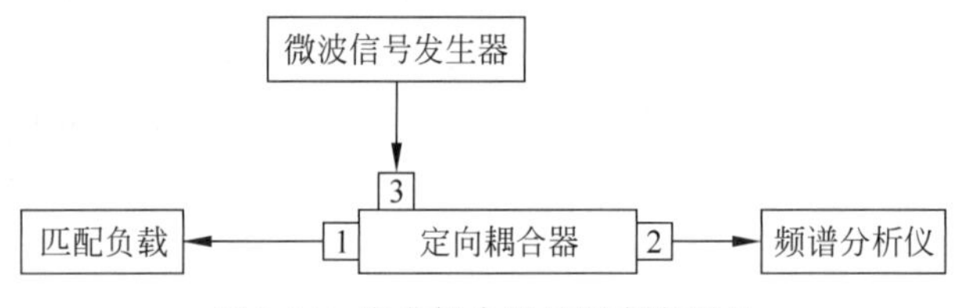

图 5-14　定向耦合器的隔离度测量

(2) 设置微波信号发生器输出指定频率和功率的单载波信号(如 850MHz、-20dBm)。

(3) 将输入和输出电缆短接。用频谱分析仪测量并记录定向耦合器耦合端口 3 的输入信号电平,测试数据记录到表 5-10 中。

(4) 接入被测定向耦合器(注意输入端口 1 接匹配负载),用频谱分析仪测量定向耦合器输出端口 2 的输出信号电平,计算端口 2、3 之间的隔离度,测试数据记录到表 5-10 中。

(5) 改变测试频率,重复以上测量,测试数据列入表 5-10 中。

表 5-10　定向耦合器的隔离度测量

测试频率/MHz	850	900	950
耦合端口 3 输入功率/dBm			
输出端口 2 输出功率/dBm			
2、3 端口隔离度/dB			

4. 耦合度的幅频特性测量

(1) 设置微波信号发生器输出指定频率和功率的单载波信号(如 850MHz、-20dBm)。

(2) 将输入和输出电缆短接。用频谱分析仪测量并记录定向耦合器的输入信号电平。

（3）按图5-12接入被测定向耦合器。设置频谱分析仪的中心频率为指定频率（如850MHz），设置合适的扫描带宽（如100MHz），适当调整参考电平，使频谱图显示在合适的位置。

（4）设置频谱分析仪的轨迹为最大值保持功能（Trace→Trace Type→Max Hold）。

（5）按照一定的步进（如0.1MHz），用手动旋钮在指定的频率范围内（如830～870MHz）调整微波信号发生器的输出频率，在频谱分析仪上显示出幅频特性曲线。

（6）根据频谱分析仪显示的幅频特性曲线，测量并计算耦合器在指定频带内的耦合度的最小值和幅频特性，测试数据记录到自己设计的表中。

5.3.4　滤波器的特性测量

1. 传输特性测量

（1）按照图5-15所示的方式连接测试系统。

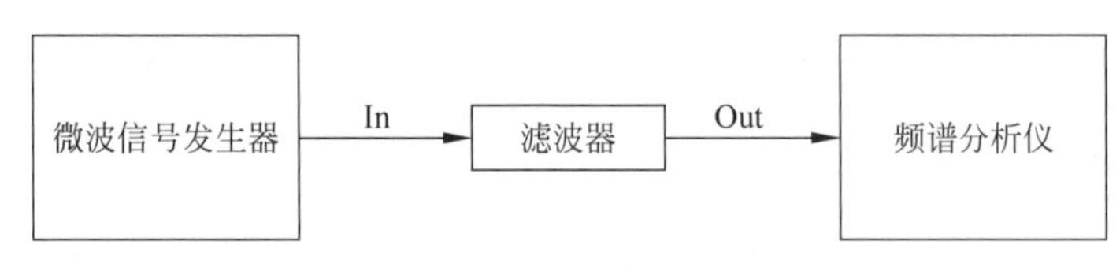

图5-15　滤波器的传输特性测量

（2）设置微波信号发生器输出指定频率和功率的单载波信号（如880MHz、－20dBm）。

（3）将输入和输出电缆短接。用频谱分析仪测量并记录滤波器的输入信号电平。

（4）接入被测滤波器。设置频谱分析仪的中心频率为滤波器的标称中心频率（如880MHz），扫描带宽大于滤波器的标称带宽（如80MHz），适当调整参考电平，使频谱图显示在合适的位置。

（5）按照一定的步进（如1MHz），用手动旋钮（或自动扫频）在指定的频率范围内（如840～920MHz）调整微波信号发生器的输出频率，在频谱分析仪上观察扫描带宽是否合适（保证频谱分析仪可以显示全部通带和一定的阻带），根据观测结果适当调整频谱分析仪的扫描带宽。

（6）设置频谱分析仪的轨迹为最大值保持功能（Trace→Trace Type→Max Hold）。

（7）按照一定的步进（如0.1MHz），用手动旋钮在指定的频率范围内（根据调整后的扫描频带确定）调整微波信号发生器的输出频率，在频谱分析仪上显示出滤波器的幅频特性曲线。

（8）根据频谱分析仪显示的幅频特性曲线，测量并计算滤波器的中心频率、3dB带宽、插入损耗、带内波动、裙带带宽、带外抑制度等指标（各参数的定义见图5-16），测试数据记录到表5-11中。

（9）将滤波器的输入和输出端口互换，重复以上测量。观察幅频特性曲线（见图5-16）的变化并进行分析。

表5-11　滤波器的传输特性测量

中心频率/MHz	3dB带宽/MHz	插入损耗/dB	带内波动/$dB_{p\text{-}p}$	裙带带宽/MHz	带外抑制度/dB

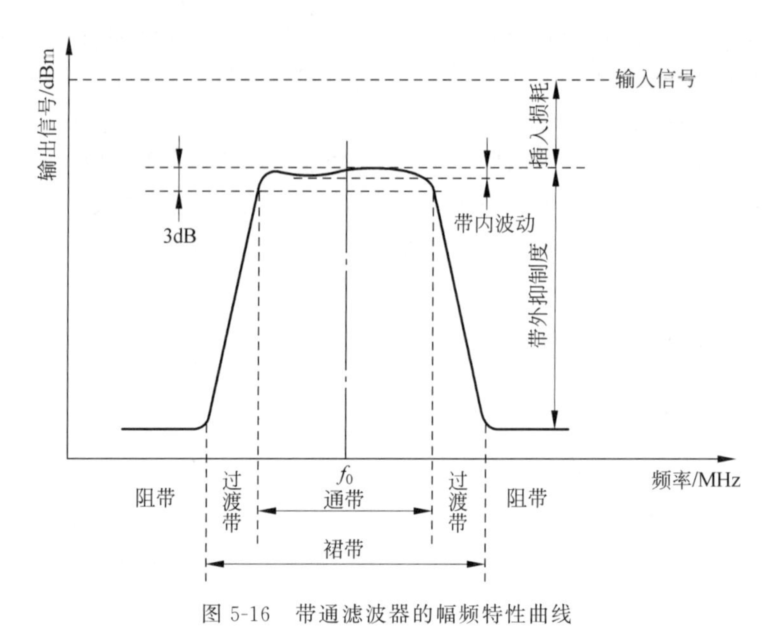

图 5-16　带通滤波器的幅频特性曲线

2. 阻抗特性测量

(1) 按照如图 5-17 所示的方式连接测试系统(定向耦合器反接用于测量反射信号功率)。

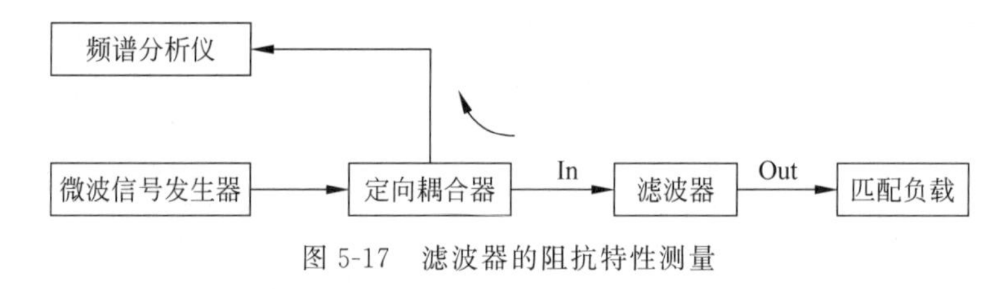

图 5-17　滤波器的阻抗特性测量

(2) 设置微波信号发生器输出指定频率和功率的单载波信号(如 880MHz、−20dBm)。

(3) 将频谱分析仪直接连接到定向耦合器的输出端。用频谱分析仪测量定向耦合器的输出信号电平(被测滤波器的输入信号电平),测试数据记录到表 5-12 中。

(4) 将被测滤波器连接到定向耦合器的输出端,将频谱分析仪连接到定向耦合器的耦合端。

(5) 根据传输特性的测量结果,合理设置频谱分析仪的中心频率和扫描带宽(如 880MHz、80MHz),适当调整参考电平,使频谱图显示在合适的位置。

(6) 设置频谱分析仪的轨迹为最大值保持功能(Trace→Trace Type→Max Hold)。

(7) 按照一定的步进(如 0.1MHz),用手动旋钮在指定的频率范围内(如 840～920MHz)调整微波信号发生器的输出频率,在频谱分析仪上显示出滤波器的阻抗特性曲线。

(8) 根据频谱分析仪显示的阻抗特性曲线和定向耦合器的耦合度,测量并计算滤波器在通带范围内的最大反射信号电平,计算回波损耗和电压驻波比,测试数据记录到表 5-12 中。

(9) 将滤波器的输入和输出端口互换,重复以上测量,测量滤波器输出端口的回波损耗和电压驻波比,测试数据记录到表 5-12 中。带通滤波器的阻抗特性曲线如图 5-18 所示。

表 5-12 滤波器的阻抗特性测量

端口	频率范围/MHz	输入功率/dBm	反射功率/dBm	回波损耗/dB	电压驻波比
输入端					
输出端					

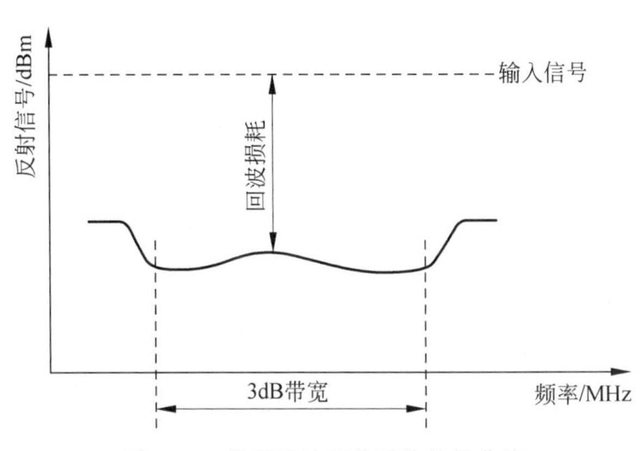

图 5-18 带通滤波器的阻抗特性曲线

3. 阻抗特性测量

(1) 设定网络分析仪的工作中心频率,扫描带宽,利用网络分析仪显示其传输特性曲线,测量通带范围内最小衰减值和幅频特性。

(2) 利用网络分析仪显示阻抗特性曲线,测量通带范围内的最小回波损耗。

(3) 滤波器输入输出端口互换,观察传输特性的变化,测量最小回波损耗。

(4) 自行设计表格绘图完成实验报告。

5.4 微波设计综合实验

5.4.1 放大器的设计原理

衡量通信质量的一个重要指标就是信噪比。由于想提高信号功率比较困难,因此改善信噪比的关键就在于降低接收机的噪声系数。一个具有前置低噪声放大器的接收系统,其整机噪声系数将有很大降低,从而灵敏度有很大提高,信噪比也得到改善,因此需在接收机前端安置低噪声放大器。

当放大器微波电路的相对带宽 RBW<10%时通常称为窄带放大器。由于工作频带带度较窄,可以认为晶体管的 S 参数不随频率变化,为一常数,输入和输出匹配电路对品质因数没有太严格的要求。窄带放大器的首要目标是获得尽可能高的功率增益。如果微波放大器的相对带宽很高,当工作频带带宽达到一个倍频程以上时,通常称为宽带放大器。宽带放大器的设计目标是在工作频带内获得相对平坦的功率增益,而不再是获得最大功率增益。在宽带放大器的设计中,往往是以牺牲功率增益换取宽频带的功率增益的平坦特性。

1. 低噪声放大器的特点

低噪声放大器(Low Noise Amplifier,LNA)是射频前端用于信号接收的主要器件,用于将接近于噪声的信号进行低噪声放大,其具有以下 4 个特点。

(1) 根据多级级联系统的噪声因数公式即式(5-9)可知,多级级联系统前两级的噪声因数对系统的影响最大。

由于低噪声放大器位于接收机除天线外的最前端,因此噪声系数越小越好,同时为了抑制后面各级对噪声的影响,LNA 应具有一定的增益,但是过大的增益会导致后级混频器过载,因此 LNA 增益不会太高。

(2) 低噪声放大器作为一个小信号放大器,为了在接收到微小信号的同时不受干扰信号的影响,必须具有较大的线性范围。

(3) 低噪声放大器必须与前端天线或者射频开关进行良好的阻抗匹配,从而实现最小噪声系数或最大功率传输。

(4) 低噪声放大器大多是频带放大器,在工作频带内应该是稳定的,应具有一定的选频功能,用以抑制带外噪声及镜像干扰。

低噪声放大器设计使用中,稳定性、增益及输入输出驻波比和噪声系数是实际设计中需要考虑的最为重要的几个因素。稳定性指的是当信号频率、外界温度、供电电源或者负载等发生变化时,射频放大器维持正常工作状态的能力。由于放大器输入输出端口反射的存在,在一定条件下,放大器不再对信号进行放大,而是产生了振荡倾向,因此在设计放大器时需要对稳定性进行仿真测试。由于放大器的作用就是要对信号进行放大,因此放大器增益一定要满足设计要求。输入输出驻波比是反射系数的函数,在一定程度上反映放大器设计中端口匹配的情况,其特性的好坏在一定程度上会对低噪声放大器的稳定性产生影响。噪声系数是低噪声放大器的一个重要参数,现有低噪声放大器水平一般在 0.5dB 左右。

2. 低噪声放大器的指标

1) 噪声系数与噪声温度

噪声系数 NF(Noise Figure)和噪声因数 F(Noise Factor)是在通信等系统中衡量电子电路与系统噪声性能的重要参数。噪声因数的定义是放大器输入信噪比与输出信噪比的比值,由式(5-6)表示为

$$F=\frac{(\mathrm{SNR})_i}{(\mathrm{SNR})_o}=\frac{P_i/N_i}{P_o/N_o} \tag{5-6}$$

噪声因数的对数形式称为噪声系数 NF,记为

$$\mathrm{NF(dB)}=10\lg F \tag{5-7}$$

对单级放大器,噪声因数的计算为

$$F=F_{\min}+4R_n\frac{|\Gamma_s-\Gamma_{\mathrm{opt}}|}{(1-|\Gamma_s|^2)(1-|\Gamma_{\mathrm{opt}}|^2)} \tag{5-8}$$

其中,$F_{\min}$ 为最小噪声因数,由晶体管自身决定,Γ_{opt}、R_n 和 Γ_s 分别为获得 $F_{\min}$ 时的最佳源反射系数、晶体管等效噪声电阻以及晶体管输入端的源反射系数。

多级放大器的噪声因数的计算式为

$$F=F_1+\frac{F_2-1}{G_1}+\frac{F_3-1}{G_1G_2}+\cdots+\frac{F_n-1}{G_1G_2\cdots G_{n-1}}+\cdots \tag{5-9}$$

式中,F_n 为 n 级放大器的噪声系数,G_n 为第 n 级放大器的增益。

由此可见第一级放大器的噪声性能对整个放大器性能起决定性的作用,该放大器必须能在宽频带内实现噪声匹配。级联系统的噪声特性以第一级的特性为主,第二级的作用会

由于第一级的增益而削弱。这样,总的系统的最佳噪声性能就要求第一级有较低的噪声系数以及相对高的增益。

随着微波晶体管工艺技术的进步,肖特基栅场效应晶体管 MESFET 和高电子迁移率场效应晶体管 HEMT 的噪声系数不断下降。HEMT 管的噪声系数在 Ku 波段约为 0.7dB,在 C 波段甚至低达 0.2dB。此时放大器的噪声系数很小,用噪声系数表示方法很不方便,因此,改用等效噪声温度的表示方法

$$T_e = T_0(F-1) \tag{5-10}$$

其中,T_0 为环境温度,通常取为 293K; T_e 为放大器的噪声温度。对于理想无噪声放大器来说,噪声温度 T_e 等于零。

2) S 参数、增益和增益平坦度

功率增益是低噪声放大器的重要指标之一。介绍低噪声放大器功率增益前先引入 S 参数的方法,并介绍端口反射系数及其 S 参数的关系,以及 S 参数、端口反射系数与功率增益的关系。

首先,在低噪声放大器的设计方法中引入 S 参数的方法。S 参数设计方法是将晶体管看作黑盒子,只需知道它的端口的 S 参数来进行设计,而不管晶体管的内部结构以及前后级的电路结构,是从系统和网络的角度出发来设计放大器的匹配网络。低噪声放大器的 S 参数模型如图 5-19 所示。

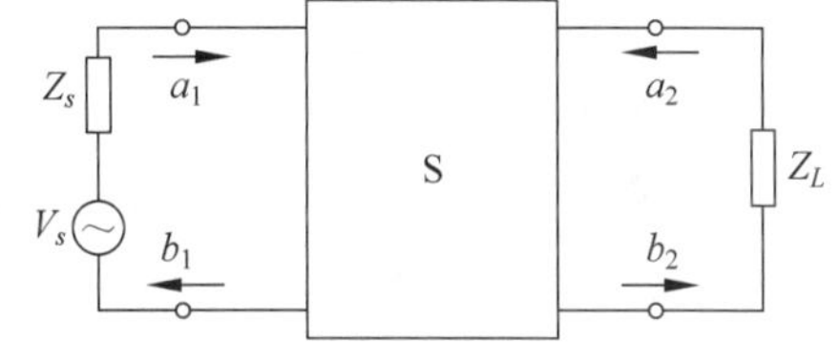

图 5-19 简化的 LNA 网络

一个双端口网络,它的两个端口分别接信号源和负载,必须用 4 个 S 参数来描述入射波和反射波之间的关系,即输入端口反射系数 S_{11},输出端口的反射系数 S_{22},输入端口向输出端口的正向传输 S_{21},以及输出端口向输入端口的反向传输 S_{12}。a_1 为输入端口归一化入射电压,b_1 为输入端口归一化反射电压,a_2 为输出端口的归一化入射电压,b_2 为输出端口的归一化反射电压。

放大器器件的 S 参数方程为

$$b_1 = S_{11}a_1 + S_{12}a_2 \tag{5-11}$$

$$b_2 = S_{21}a_1 + S_{22}a_2 \tag{5-12}$$

其次,要介绍的是在二端口系统中的端口反射系数。在如图 5-20 所示的低噪声放大器网络的基本构成中,V_S 为信号源的电动势,Z_S 为信号源的内阻抗,Z_L 为放大器所接的负载阻抗,Z_{in} 是放大器输出端接 Z_L 时的输入阻抗; Z_{out} 是放大器输入端接 Z_S 时的输出阻抗,设放大器两端特性阻抗均为 Z_0。

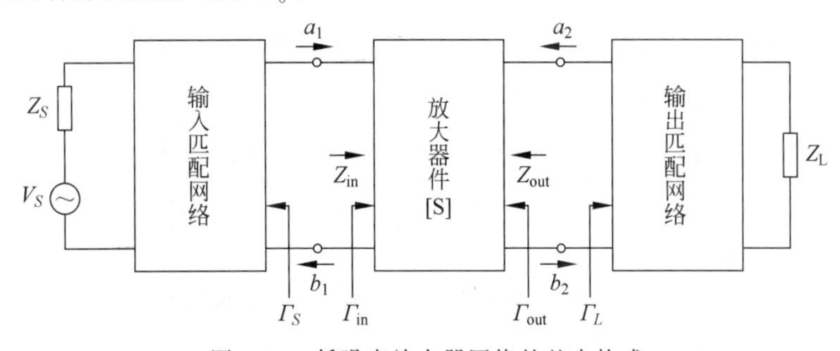

图 5-20 低噪声放大器网络的基本构成

反射系数的定义是反射波电压与入射波电压的比值，Γ_S 为源反射系数，Γ_L 为负载反射系数，Γ_{in} 为输入反射系数，Γ_{out} 为输出反射系数。

可以推得输入反射系数为

$$\Gamma_{in}=\frac{b_1}{a_1}=S_{11}+\frac{S_{12}S_{21}\Gamma_L}{1-S_{22}\Gamma_L}=\frac{Z_{in}-Z_0}{Z_{in}+Z_0} \tag{5-13}$$

输出反射系数为

$$\Gamma_{out}=\frac{b_2}{a_2}=S_{22}+\frac{S_{12}S_{21}\Gamma_S}{1-S_{11}\Gamma_S} \tag{5-14}$$

源反射系数为

$$\Gamma_S=\frac{Z_S-Z_0}{Z_S+Z_0}$$

负载反射系数为

$$\Gamma_L=\frac{Z_L-Z_0}{Z_L+Z_0}$$

下面介绍低噪声放大器常用的功率增益：实际功率增益 G_P、资用功率增益 G_a 和转换功率增益 G_t。

(1) 实际功率增益 G_P。

放大器的实际功率增益 G_P(Operating Power Gain)是指放大器输出端口实际传送给负载的功率与信号源实际传送到放大器输入端口的功率之比值，即

$$G_P=\frac{P_L}{P_{in}}=\frac{|S_{21}|^2|1-\Gamma_L|^2}{|1-S_{22}\Gamma_L|^2(1-|\Gamma_{in}|^2)} \tag{5-15}$$

从式(5-15)可见，放大器的 G_P 除了与晶体管器件的 S 参数有关外，只与负载反射系数 Γ_L 有关，也就是在研究负载对放大器功率增益的影响时，用 G_P 来研究要方便得多。

(2) 资用功率增益 G_a。

当放大器输入端与源共轭匹配 $Z_{in}=Z_S^*$，即 $\Gamma_{in}=\Gamma_S^*$ 时，信号源输入放大器的功率最大，称为资用功率：

$$P_A=P_{in}\Big|_{\Gamma_{in}=\Gamma_S^*}=\frac{|V_S|^2}{4Z_0}\frac{|1-\Gamma_S|^2}{1-|\Gamma_S|^2} \tag{5-16}$$

放大器输出端口达到共轭匹配 $Z_L=Z_{out}^*$，即 $\Gamma_L=\Gamma_{out}^*$ 时，负载得到最大的功率：

$$P_L\Big|_{\Gamma_L=\Gamma_{out}^*}=\frac{|V_S|^2}{4Z_0}\frac{|S_{21}|^2|1-\Gamma_S|^2}{|1-S_{11}\Gamma_S|^2(1-|\Gamma_{out}|^2)} \tag{5-17}$$

资用功率增益 G_a(Available Power Gain)指放大器输出端口的资用功率与信号源的资用功率之比，即

$$G_a=\frac{P_L\Big|_{\Gamma_L=\Gamma_{out}^*}}{P_A}=\frac{(1-|\Gamma_S|^2)|S_{21}|^2}{|1-S_{11}\Gamma_S|^2(1-|\Gamma_{out}|^2)} \tag{5-18}$$

(3) 转换功率增益 G_t。

转换功率增益 G_t(Transducer Power Gain)是指放大器输出端口实际传送到负载的功率与信号源的资用功率的比值，即

$$G_t=\frac{P_L}{P_A}=\frac{(1-|\Gamma_S|^2)(1-|\Gamma_L|^2)|S_{21}|^2}{|1-S_{22}\Gamma_L|^2|1-\Gamma_S\Gamma_{in}|^2} \tag{5-19}$$

(4) 增益平坦度。

一定温度下，在整个工作频率范围内，增益平坦度是指工作频带内功率增益的起伏，常用最大增益与最小增益之差来表示，即 ΔG(dB)表示。通带内的平坦度值越小，说明带内增益波动越小，如图 5-21 所示。

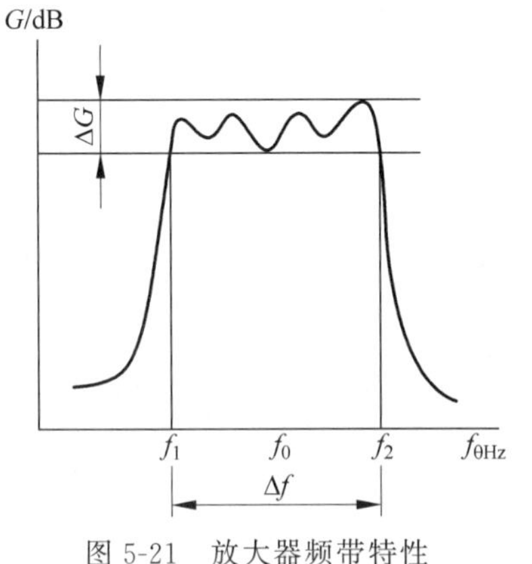

图 5-21 放大器频带特性

3) 端口驻波比 *VSWR*

低噪声放大器中，输入输出电压驻波比表征了其输入输出端阻抗与系统阻抗的匹配情况。通常在使用微波放大器的微波系统中，输入输出端口大都采用 $Z_0=50\Omega$ 作为系统的特性阻抗。端口驻波比用式(5-20)表示：

$$\text{VSWR}=\frac{1+|\Gamma|}{1-|\Gamma|} \tag{5-20}$$

式中，$\Gamma=\dfrac{Z-Z_0}{Z+Z_0}$；VSWR 为输入输出电压驻波比；$\Gamma$ 为反射系数；Z 为放大器输入或输出端的实际阻抗。

匹配时，VSWR＝1。VSWR 越大，失配越严重。

低噪声放大器的输入匹配电路是按照噪声最佳来设计的，结果会偏离驻波比最佳的共轭匹配状态。为了获得良好的驻波比，可以添置铁氧体隔离器，然而输入端隔离器的损耗必将增大整机噪声。

4) 输出功率 1dB 压缩点 P_{1dB}

放大器有一个线性动态范围，这个范围确定了输入信号工作允许的功率范围，低端功率为噪声所限，高端限制在压缩点上。在这个范围内，放大器的输出功率随输入功率线性增加，这种放大器称为线性放大器。随着输入功率的继续增大，放大器进入非线性区，其输出功率不再随输入功率的增加而线性增加，把增益下降到比线性增益时低于 1dB 时的输出功率定义为输出功率的 1dB 压缩点，用 P_{1dB} 表示，如图 5-22 所示。

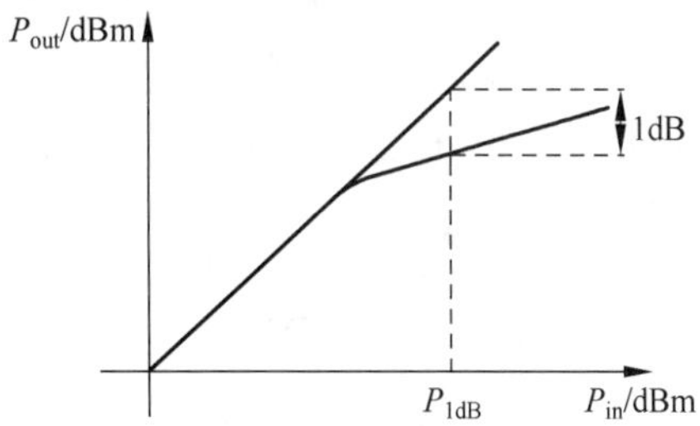

图 5-22 微波放大器输出功率 1dB 压缩点

5) 三阶互调点(IP3)

当频率为 f_1 和 f_2 的这两个信号加到一个放大器时，该放大器的输出不仅包含了这两个信号，而且也包含了频率为 mf_1+nf_2 的互调分量，这里，称 $m+n$ 为互调分量的阶数。由 $2f_1-f_2$ 与 $2f_2-f_1$ 组成的三阶互调衍生信号与基频信号 f_1 和 f_2 很接近，用滤波器并不能完全滤除，会随着信号进入电路的频宽范围之内，使输出信号产生失真。这种效应称为三阶互调失真。图 5-23 中给出了双音调交调产物二阶项和三阶项的典型频谱。

如果不考虑增益压缩的影响，如图 5-24 所示斜率为 3 的直线描述了三阶互调衍生信号的响应，它按输入功率的立方增长，当输入功率增大时，它会迅速增长；斜率为 1 的直线描

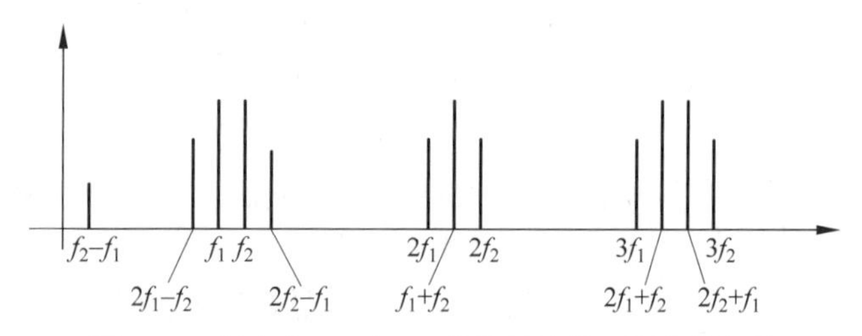

图 5-23 频率为 f_1 和 f_2 的信号及其互调分量频谱

述了线性响应。当输入功率大到使基频输出功率(线性响应)和三阶互调衍生信号输出功率相同时(不考虑增益压缩的影响),即两输出线相交时,三阶互调衍生信号将严重干扰基频的输出信号,此交叉点称为三阶互调点(IP3)。IP3 对应的输入功率,称为 Input IP3(IIP3),对应的输出则称为 OIP3,如图 5-24 所示。

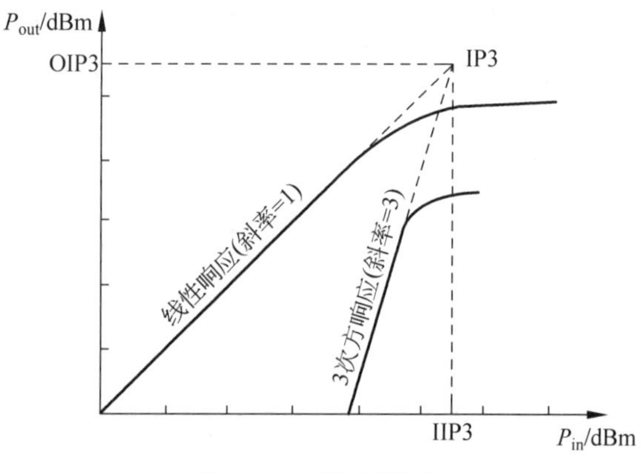

图 5-24 三阶互调点

6) 工作频带和动态范围

考虑到噪声系数是主要指标,在宽频带情况下难以获得极低噪声,所以低噪声放大器的工作频带一般不太宽,较多为20%左右。

工作频率上限与下限之比大于 1 的放大电路称为宽带放大器(Wide-Band Amplifier),习惯上使其增益较低之外,通常还需要采用频率补偿措施,以使放大器的增益——频率特性曲线的平坦部分向两端延展。

动态范围是指低噪声放大器输入信号允许的最小功率和最大功率之间的范围。动态范围下限受噪声性能所限,动态范围上限是受非线性指标所限。有时动态范围上限定义为放大器输出功率呈现 1dB 压缩点时的输入功率值;有时要求更严格些,则定义为放大器非线性特性达到指定三阶交调系数时的输入功率值。动态范围上限值基本取决于放大器末级 FET 的功率容量。现有的小信号 FET 管 1dB 压缩点输入功率范围大多是 1～10dBm。

5.4.2 低噪声放大器的设计方法及流程

1. 计算机辅助设计方法

目前广泛采用的微波晶体管放大器的设计方法大致有解析设计法、图解设计法、实验设计法及计算机辅助设计法或计算机综合法。计算机辅助设计法实质上仍是解析法,但是它以高速计算机作为计算工具,计算精度最高、速度快,因而通常将它单独列为一类,它是目前最理想的设计方法。

2. 低噪声放大器的设计流程

(1) 明确设计目标,选择适当的微波晶体管和电路形式(包括基板材料、电路元件、电路拓扑结构)。

在低噪声放大器设计之前,根据所要求达到的增益、噪声系数等选择合适的晶体管是非常重要的一步,因为管子的性能会直接影响放大器的最终性能。另外,微波电路基板关系到匹配网络、偏置网络等模块的设计以及传输损耗的计算等重要方面,所以也要根据设计要求慎重选择。

(2) 选择晶体管的直流工作点并据此设计合适的偏置电路。

设计时,首先根据选定的晶体管及其具体的工作条件(静态工作点)选定相应的二端口 S 参数模型。设置直流偏置时,通过计算漏极和源极上电阻使得电压和电流满足 s2p 文件中给出的工作条件,从而得到 S 参数的真实情况。

(3) 设计输入输出匹配网络并进行优化。

输入输出匹配网络设计通常采用史密斯圆图辅助来实现所需的指标。一般可以借助圆图,利用计算机进行计算,提供作图的数据,在圆图上确定网络的参数;另一种方法是利用计算机直接进行辅助设计,即通过专门的电磁仿真软件获得最佳的输入和输出匹配网络参数。

(4) 进行总体优化,直至达到指标要求。

总体优化就是在上述设计的基础上,对合并后的电路的参数进行优化,可以利用 ADS 中的优化功能,直接设定优化目标并由系统自动优化。

(5) 依照仿真得到的原理图数据制作 PCB。

整个电路经过初步的优化设计后,利用 ADS 软件生成初始的版图。其中存在器件间距太靠近甚至重叠、微带线没有经过合理的布局导致尺寸过大、没有合适的地方放置 DC 馈电等不合理的情况,需要进行版图布局的设计和更改。这些更改需要同步在电路图中进行,并且重新进行仿真优化,以达到设计指标要求,这是一个不断反复的过程。在版图设计中,既要保证主要技术指标达到要求,又要考虑到版图设计中的互扰及工艺设计的可行性,如器件间距、微带线间间距、通孔布局等都需要考虑好。通过合理安排器件位置,调整版图的布局,以减小分布参数的影响,提高设计效率,得到最佳的仿真结果。

(6) 进行焊接和测试,反复进行调试修改,最后达到指标要求。

3. PCB 布局技巧

射频电路 PCB 布局时应首先考虑射频链路器件如射频前端器件,按照射频链路器件进行电路输入输出布局,一般的应尽量使得高功率的功率放大器 PA 与低功率的低噪声放大器 LNA 分开布局。这样可以避免高功率器件工作时对接收端 LNA 造成影响。其次,应使得 RF 信号输出远离 RF 输入端,这样可以避免输出以一定的相位和幅度反馈到输入端时产生自振荡的危险。再次,射频电路中,射频部分应该与数字部分分开布局,尽量避免射频信号对数字电路功能产生影响。最后,电源与芯片的去耦电容的布局也非常关键,去耦电容不仅能够去除电源噪声,同时可以为数字 IC 同步开关时提供瞬时电流。一般芯片电源引脚需要两种电容,例如电源引脚采用 0.01μF 高频小电容和 10μF 的电解电容,由于功放瞬间供电时电流由小电容提供,因此小电容摆放位置应尽可能近地靠近芯片电源引脚,同时大容值电容也应靠近芯片电源引脚放置。

4. 射频 PCB 布线技巧

射频电路布线的关键是处理好射频信号线的走线。在进行布线时应减少 PCB 上射频元件管脚间连线间的弯折,射频信号线应尽量采用直线设计,如果需要改变走线方向,应采用如图 5-25 所示圆弧线或者采用如图 5-26 所示的微带线特殊直角走线方式。

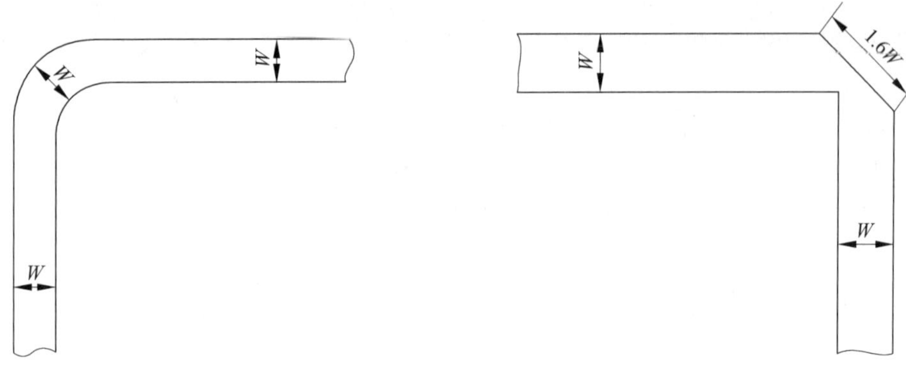

图 5-25　微带线圆弧弯折示意图　　　　图 5-26　微带线直角弯折示意图

如图 5-26 所示在微带线 90°弯折处将拐角外侧削去一块，使得微带线斜边为 1.6 倍微带线宽度（根据微带线特性阻抗计算方法可以得到采用叠层设计的 50Ω 微带线线宽 W 约为 36.1mil）。实践证明采用以上两种弯折方式的微带线更有利于减小由于弯折所引起的信号反射。

特殊情况下，由于射频芯片封装较小，芯片引脚间距较近，同时与射频芯片引脚相连的 50Ω 微带线线宽 W 又大于芯片引脚宽度，在这种情况下可以采用如图 5-27 所示的连接方法进行连接。

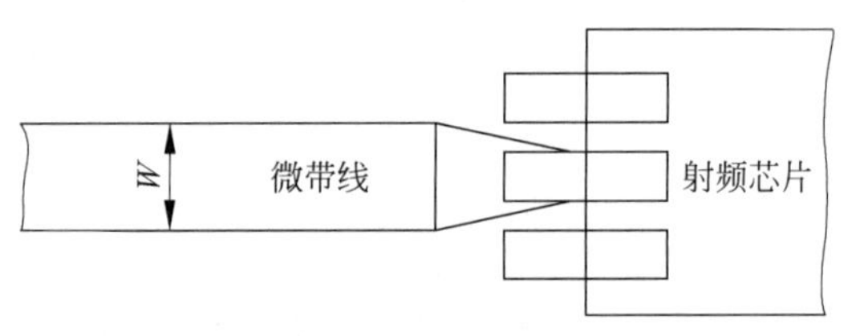

图 5-27　微带线连接射频芯片

5.4.3　放大器的特性测量

1. 放大器的线性增益测量

(1) 按照如图 5-28 所示的方式连接测试系统。

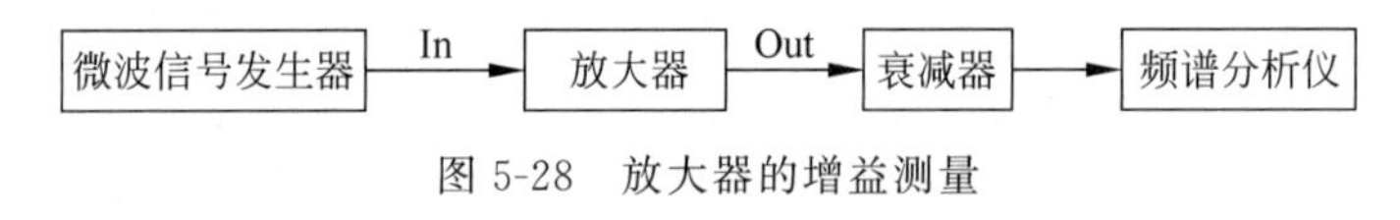

图 5-28　放大器的增益测量

(2) 设置微波信号发生器输出指定频率和功率的单载波信号（如 880MHz、−40dBm）。信号电平设置必须保证放大器工作在线性状态。

(3) 将输入和输出电缆短接。用频谱分析仪测量放大器的输入信号电平，测试数据记录到表 5-13 中。

(4) 接入被测放大器模块。用频谱分析仪测量放大器的输出信号电平，计算放大器的线性增益，测试数据记录到表 5-13 中。

(5) 改变测试频率，重复以上测量，测试数据记录到表 5-13 中。

表 5-13　放大器的增益测量(点测法 10dB 衰减)

测试频率/MHz	输入电平/dBm	输出电平/dBm	增益/dB
840			
880			
920			

2. 放大器输入端口的阻抗特性测量

(1) 按照图 5-29 所示的方式连接测试系统(定向耦合器反接用于测量反射信号功率)。

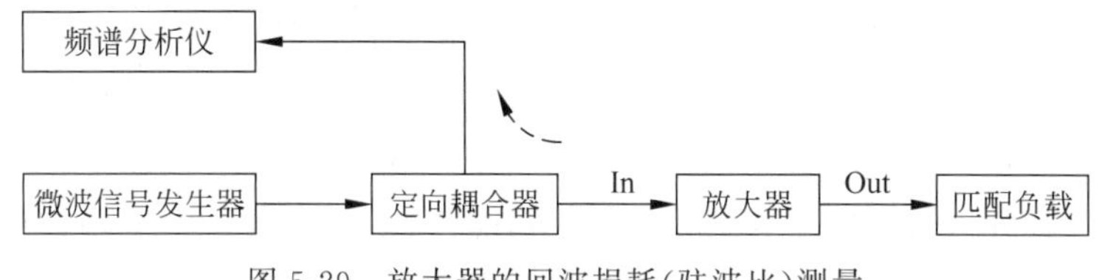

图 5-29　放大器的回波损耗(驻波比)测量

(2) 设置微波信号发生器输出指定频率和功率的单载波信号(如 880MHz、−30dBm),功率电平设置必须保证放大器的输出信号低于额定功率(P1dB)。

(3) 将频谱分析仪直接连接到定向耦合器的输出端。用频谱分析仪测量定向耦合器的输出信号电平(被测放大器的输入信号电平),测试数据记录到表 5-14 中。

(4) 将被测放大器连接到定向耦合器的输出端,将频谱分析仪连接到定向耦合器的耦合端,用频谱分析仪测量定向耦合器的耦合信号电平(必要时可适当调整 RBW),根据耦合度计算放大器输入端的反射信号电平和回波损耗,测试数据记录到表 5-14 中。

(5) 改变微波信号发生器的输出频率,重复以上测量,测试数据记录到表 5-14 中。

表 5-14　放大器输入端口的阻抗特性测量

测试频率/MHz	输入功率/dBm	反射功率/dBm	回波损耗/dB
840			
880			
920			

注：920MHz 是反射功率很小,可忽略不计。

3. 放大器的幅频特性测量

1) 滤波放大器的组合应用

滤波器和放大器组合成滤波放大器是通信系统中最常用的射频单元之一。射频信号的功率由于传输过程中的损耗不断减小,需要放大器对信号进行放大。但放大器一般都是宽带器件,会将有用信号和无用信号(甚至是干扰信号)一起放大,这时一般需要加入滤波器进行频率选择,对无用的带外信号进行抑制。即首先采用矩形系数较好的带通滤波器完成信号的选择,然后再利用宽带放大器对选择的有用信号进行放大,这样就组成了具有选频功能的滤波放大器。

滤波放大器的示意图如图 5-30 所示。

2) 利用频谱分析仪测定幅频特性曲线

(1) 按照图 5-30 所示的方式连接测试系统。

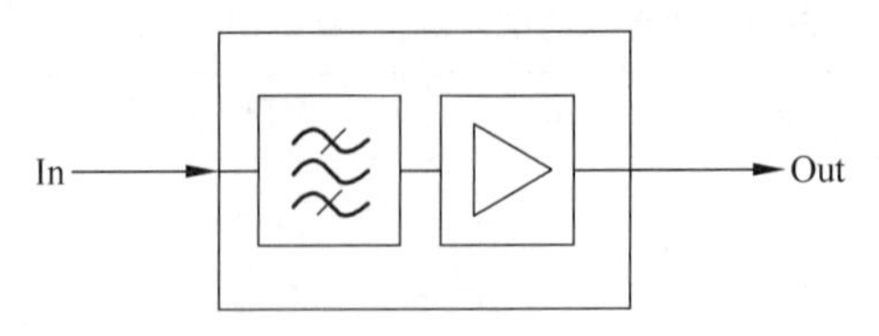

图 5-30 滤波放大器示意图

(2) 设置微波信号发生器输出指定频率和功率的单载波信号(如 880MHz、−40dBm),功率电平设置必须保证放大器工作在线性状态。

(3) 将输入和输出电缆短接。用频谱分析仪测量并记录放大器的输入信号电平。

(4) 接入被测放大器模块。设置频谱分析仪的中心频率为指定频率(如 880MHz),设置合适的扫描带宽(如 80MHz),适当调整参考电平,使频谱图显示在合适的位置。

(5) 设置频谱分析仪的轨迹为最大值保持功能(Trace→Trace Type→Max Hold)。

(6) 按照一定的步进(0.1MHz),用手动旋钮(或自动扫频)在指定的频率范围内(如 840～920MHz)调整微波信号发生器的输出频率,在频谱分析仪上显示出幅频特性曲线。

(7) 根据频谱分析仪显示的幅频特性曲线,测量并计算放大器在指定频带内的最大增益和幅频特性,测试数据记录在表 5-15 中。

表 5-15 放大器的幅频特性测量(频谱分析仪)

频率范围/MHz	最大增益/dB	幅频特性/(dB_{p-p}/带宽)
880±40MHz		

4. 放大器的网络分析仪的测量

(1) 按图 5-31 所示的方式连接测试系统。

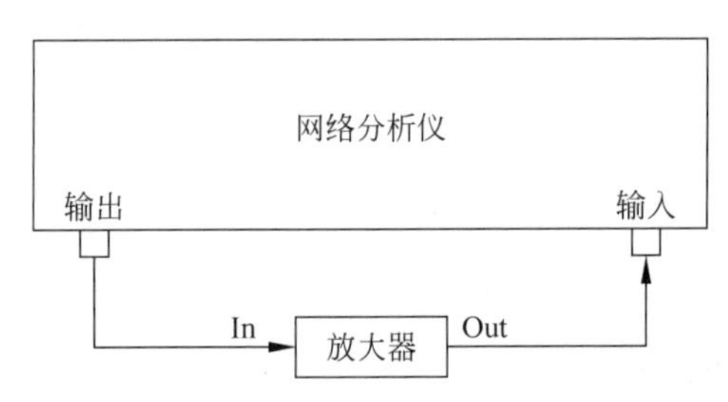

图 5-31 采用网络分析仪测量放大器的网络特性

(2) 设置网络分析仪输出指定中心频率和扫描带宽的扫频信号(如 880MHz、80MHz)。设置网络分析仪输出指定的功率电平(如 −40dBm),信号电平设置应保证放大器工作在线性状态。

(3) 设置网络分析仪为双通道显示,设置 A 通道为传输测量,设置 B 通道为反射测量。

(4) 适当调整基准位置,在网络分析仪的屏幕上正确显示传输特性曲线和阻抗特性曲线。必要时可以根据显示的特性曲线调整网络分析仪的输出信号的中心频率和扫描带宽。

(5) 根据网络分析仪显示的传输特性曲线,测量放大器在指定频带的最大增益和幅频特性,测试数据记录到表 5-16 中。

(6) 根据网络分析仪显示的阻抗特性曲线,测量被测放大器输入端口在通带范围内的最小回波损耗(或最大电压驻波比),测试数据记录到表5-16中。

表 5-16 放大器输入端口的阻抗特性测量(频谱分析仪)

频率范围/MHz	最小衰减/dB	带内波动/dB	回波损耗/dB	电压驻波比
880±40MHz				

扫描频率为860~900MHz,步进为0.1MHz,对测得的数据整理。

根据原始数据,总结该放大器在频段860~900MHz内,S_{21}参数在________时有最大值________,在________MHz时有最小值________;增益平坦度为________。S_{11}参数在________MHz处为最大值________,即输入端口反射系数________。

5.4.4 变频器的特性测量

1. 变频器的工作原理

变频器通常是由混频器、振荡器和滤波放大器组成,具有混频和选频功能。振荡器提供本振信号,混频器用于输入信号和本振信号的混频,带通滤波器用来选择需要的频率分量,滤除不需要的频率分量,放大器用来补偿混频损耗,如图5-32所示。

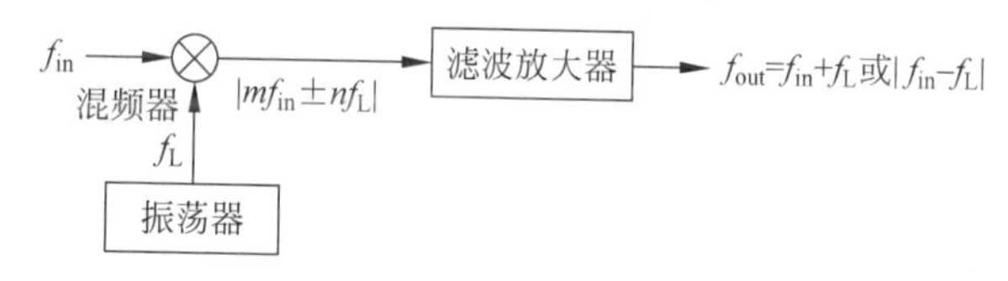

图5-32 变频器的电路模型

混频器实现变频的方法是将两个输入信号相乘,即将载频为f_{in}的已调制信号与振荡频率为f_L的本振信号相乘。根据三角函数的相乘关系可知,相乘后的输出信号的频率f_{out}是f_{in}与f_L的和差关系,即$f_{out}=f_{in}+f_L$或$|f_{in}-f_L|$,而且输出信号可以保持输入信号的调制方式和所承载的信息不变。由此可见,混频器的频谱搬移就是时域信号波形相乘,时域信号波形的线性相乘就可以实现已调制信号的频率变换(变频)。

在通信工程中,通常将$f_{out}>f_{in}$称为上变频,将$f_{in}>f_{out}$称为下变频。由此可见,$f_{out}=f_{in}+f_L$(和频)一定是上变频,而$f_{out}=|f_{in}-f_L|$(差频)则可能有两种情况,如果$f_{out}>f_{in}$仍然是上变频;如果$f_{in}>f_{out}$则是下变频。在发射机系统中通常采用上变频器(中频变换到射频),而在接收机系统中通常采用下变频器(射频变换到中频)。

在差频方式中,f_{in}与f_L之间的频率关系也有两种可能:当$f_L<f_{in}$时,$f_{out}=f_{in}-f_L$称为低本振;当$f_L>f_{in}$时,$f_{out}=f_L-f_{in}$称为高本振。

混频器可以采用晶体二极管、三极管、场效应管以及它们的组合电路来实现信号的相乘。实际上这些混频器都是非线性相乘,必然会产生非线性失真和组合频率干扰,即出现$|mf_{in}\pm nf_L|$的混频输出。在这些组合频率中,除了需要的和频或差频信号以外,还可能包含直流分量、基波、二次谐波、高次谐波以及这些频率的混频等无用信号,这些无用信号均可以由混频器后面链接的带通滤波器滤除,滤波器输出的和频或差频信号就是所需要得到的混频信号。

在通信系统的发射和接收支路中，工作在正常输出功率的中频放大器、射频放大器和低噪声放大器等都属于线性放大器，它们所引起的非线性失真远远小于混频器的非线性失真，因此，传输系统中的非线性失真和组合频率干扰主要是由混频电路产生的，在实际工程中必须加以抑制。

2. 上变频器的技术参数(见表 5-17)

表 5-17 上变频器的技术参数

发射信道	CH1	CH2	CH3	CH4	CH5	CH6
输入频率/MHz	60					
本振频率/MHz	960	952	944	936	928	920
输出频率/MHz	900	892	884	876	868	860

3. 下变频器的技术参数(见表 5-18)

表 5-18 下变频器的技术参数

发射信道	CH1	CH2	CH3	CH4	CH5	CH6
输入频率/MHz	900	892	884	876	868	860
本振频率/MHz	938	930	922	914	906	898
输出频率/MHz	38					

4. 上变频器的测量

(1) 按照图 5-33 所示的方式连接测试系统。

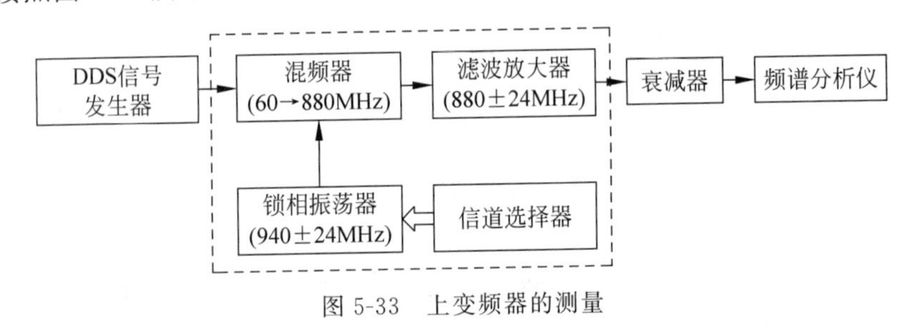

图 5-33 上变频器的测量

(2) 设置 DDS 信号发生器输出指定频率和功率的单载波信号(如 60MHz、−20dBm)。

(3) 将信道选择器分别设置为 CH1～CH6，用频谱分析仪测量上变频器的输出信号频率和电平，测试数据记录到表 5-19 中。

表 5-19 上变频器的测量(10dB 衰减)

信道设置	CH1	CH2	CH3	CH4	CH5	CH6
输入频率/MHz	60					
输入电平/dBm						
输出频率/MHz						
输出电平/dBm						

5．下变频器的测量

(1) 按照图5-34所示的方式连接测试系统。

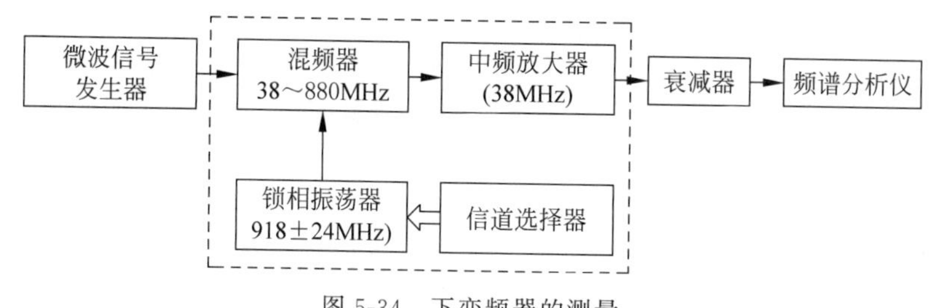

图5-34　下变频器的测量

(2) 信道选择器分别设置为CH1～CH6，根据下变频器的技术指标分别设置微波信号发生器输出指定频率和功率的单载波信号(如900MHz，－20dBm)。

(3) 用频谱分析仪测量下变频器的输出信号频率和电平，测试数据记录到表5-20中。

表5-20　下变频器的测量(10dB衰减)

信道设置	CH1	CH2	CH3	CH4	CH5	CH6
输入频率/MHz	900	892	884	876	868	860
输入电平/dBm						
输出频率/MHz						
输出电平/dBm						

5.5　微波收发机的系统调测

5.5.1　微波TV收发系统的基本原理

基本无线通信系统一般由发信机、收信机及其天线(含馈线)构成，如图5-35所示。

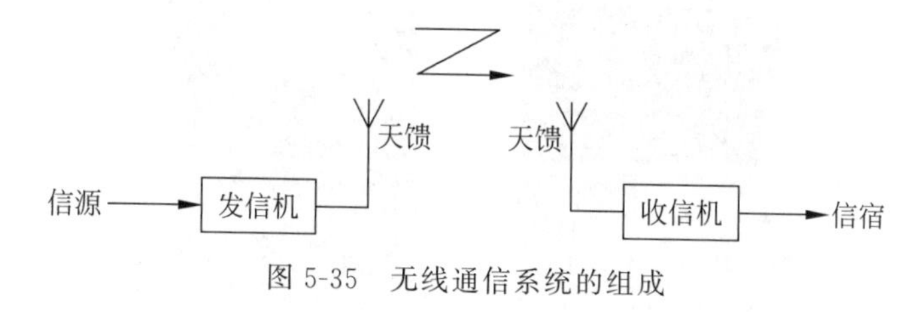

图5-35　无线通信系统的组成

1．发信机

发信机的主要作用是将需要传输的信源信号进行处理并发送出去。首先通过调制器用信源信号对高频正弦载波进行调制形成中频已调制载波，中频已调制载波经过上变频器和滤波器变换成射频已调制载波，将射频已调制载波送至射频放大器进行功率放大，最后送至发射天线，转换成为辐射形式的电磁波发射到空间。一个典型的无线发信机的组成框图如图5-36所示。

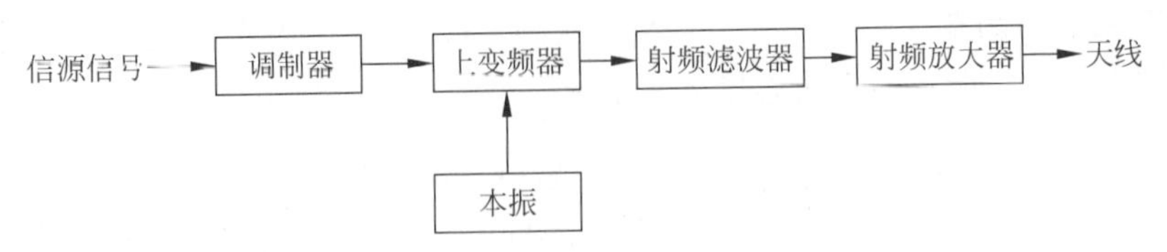

图 5-36 无线发信机的组成框图

2. 收信机

收信机的主要作用是将天线接收下来的射频载波还原成要传输的信源信号。收信机的工作过程实际上是发信机的逆过程，首先对来自接收天线的射频载波进行低噪声放大，然后经过下变频器、中频滤波器和中频放大器变换成为满足解调电平要求的中频已调制载波，最后通过解调器还原出原始的信源信号。一个典型的无线收信机的组成框图如图 5-37 所示。

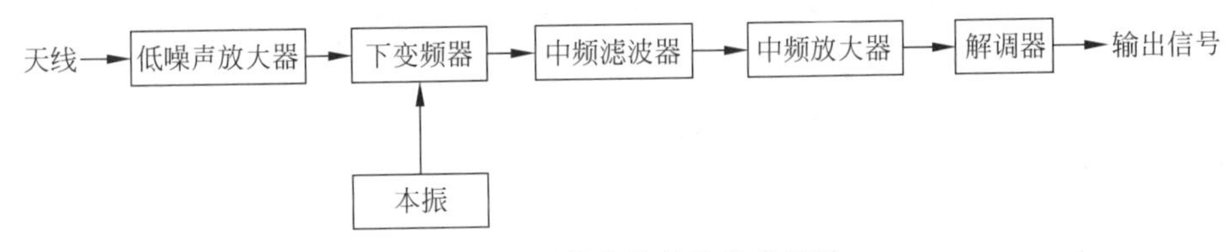

图 5-37 无线收信机的组成框图

3. 天线

天线是无线通信系统不可缺少的重要组成部分之一。天线的主要作用是将发信机送来的射频载波转换成空间电磁波并辐射出去(发射端)或者将接收到的空间电磁波转换成射频载波并送给收信机(接收端)。

本章的实验将对使用的微波收发系统(SD3200)微波电路实验训练系统的各个参数进行测量，实验者能完整、透彻地了解微波射频系统，掌握微波收发系统的基础知识。SD3200R/T 微波 TV 收发系统由发射机系统和接收机系统两个实验箱组成，如图 5-38 所示。

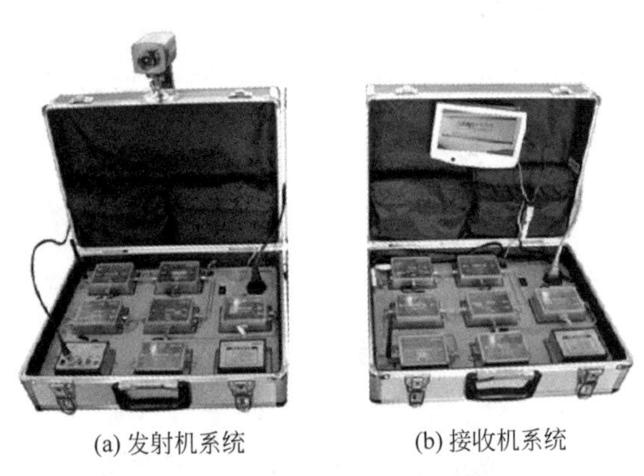

(a) 发射机系统　(b) 接收机系统

图 5-38 微波 TV 收发系统

该微波 TV 收发系统是一套工作在 900MHz 微波频段的无线通信实训系统，可以进行图像和话音业务的无线传输试验，同时可以进行滤波器、放大器、滤波放大器等电路的相关实验。微波 TV 收发系统主要由 TV 发射机系统和 TV 接收机系统两部分组成。

微波发射机和接收机组成方框图如图 5-39 所示。

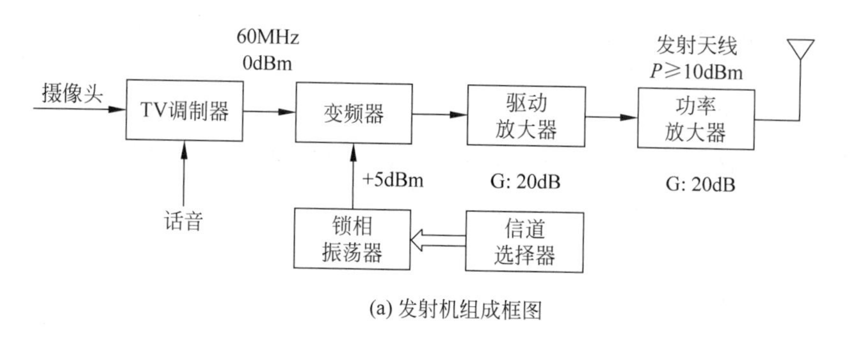

(a) 发射机组成框图

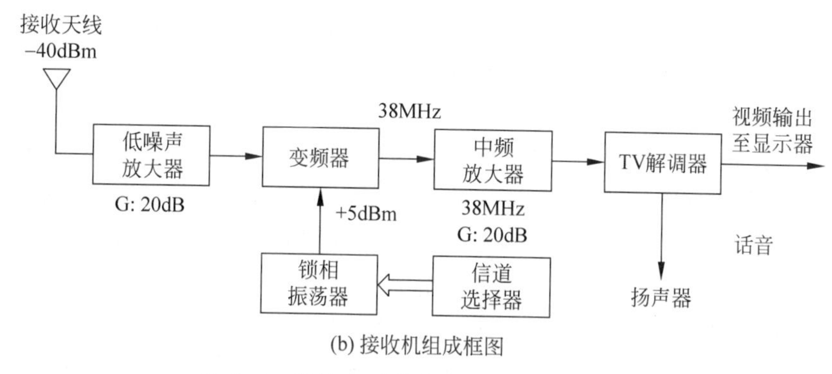

(b) 接收机组成框图

图 5-39　微波 TV"收发系统"的组成框图

5.5.2　微波 TV 发射机系统的调测

1. 微波 TV 发射机的基本原理

微波 TV 发射机系统的主要作用包括：首先是对视频和音频信号进行中频调制，然后将中频信号变频到微波频段，最后将信号功率放大到需要的发射电平并通过天线发射到无线空间。微波 TV 发射机系统的基本原理示意图如图 5-40 所示。

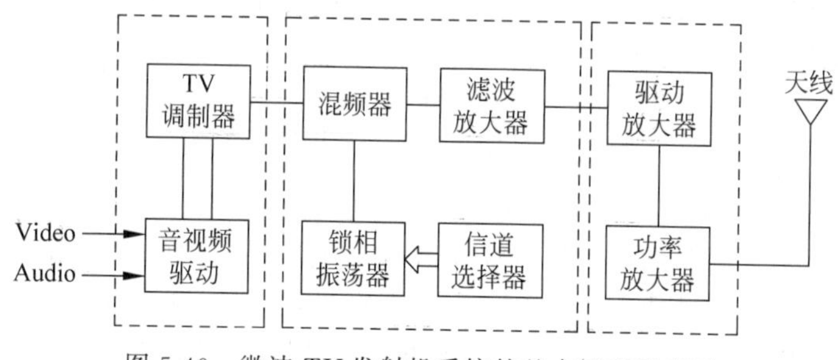

图 5-40　微波 TV 发射机系统的基本原理示意图

1）调制单元

调制就是对信源的基带信号进行处理，使其变成适合于信道传输的载波形式的过程。一般来说，调制就是把发送者（信源）送来的基带信号转变成一个相对于基带频率而言频率高很多的频带信号，这个频带信号称为已调制载波，而基带信号称为调制信号。未调制的载波是正弦波，调制可以通过让正弦载波的幅度、频率或者相位随着基带信号幅度的变化而改变来实现，相应的有幅度调制（AM）、频率调制（FM）和相位调制（PM）。

解调则是调制的逆过程，即从高频已调制载波中将基带信号提取出来，送到指定的接收者(信宿)去处理和理解的过程。解调的方式必须与调制对应，相应的解调方式主要有检波(幅度解调)、鉴频(频率解调)和鉴相(相位解调)。

微波 TV 发射机系统的调制单元的主要作用是将视频和音频信号调制到中频载波上，调制单元的输出信号是携带了音视频信号的中频已调制载波，中心频率为 60MHz，占用带宽约为 8MHz。

调制单元主要由音视频驱动模块和 TV 调制器组成。音视频驱动模块用于对摄像头、麦克风或 DVD 播放机的视频和音频信号进行补偿放大，使音视频信号的参数满足 TV 调制器的技术要求。TV 调制器用于将视频和音频信号调制到 60MHz 的中频载波上，视频信号采用调幅方式(AM)，音频信号采用调频方式(FM)。

2) 上变频单元

上变频单元的主要作用是将 60MHz 的中频调制载波线性搬移到 900MHz 频段。所谓线性搬移是指，在改变载波频率的同时，保持所携带的音频信号不失真(或失真度很小)。

上变频单元主要由锁相振荡器(频率可调)、混频器和滤波放大器组成。锁相振荡器用于产生频率稳定的正弦波，为混频器提供本振信号，锁相振荡器的输出频率可以通过信道选择器进行控制，可以输出 6 个频率，分别与 6 个无线信道相对应。混频器用于将调制器单元送来的中频调制信号和本振信号进行混频，输出信号是中频信号和本振信号的频率组合。本系统需要的射频信号频率是本振信号频率与中频信号频率之差，滤波放大器用于选择需要的射频信号(滤除无用信号)，并进行补偿放大。

微波 TV 收发系统可以提供 6 个无线信道，信道间隔 8MHz，频率设置如表 5-21 所示。

表 5-21　微波 TV 收发系统无线信道频率

信道	CH1	CH2	CH3	CH4	CH5	CH6
中心频率/MHz	900	892	884	876	868	860
发射机本振频率/MHz	960	952	944	936	928	920
接收机本振频率/MHz	938	930	922	914	906	898
信道中心频率/MHz	60					

3) 射频放大单元

射频放大单元主要由驱动放大器和功率放大器组成。驱动放大器用于对上变频器单元送来的射频信号进行初步放大(如果信号电平已经满足要求，则不需要配置驱动放大器)。功率放大器用于将射频信号进行初步放大(如果信号电平已经满足要求，则不需要配置功率放大器)。功率放大器用于将射频信号放大到需要的信号电平，具体的信号电平要求取决于无线传输的距离和信号频率，本系统的无线传输距离在 1m 以内，工作频率为 900MHz 频段，发射功率在 0dBm(1mW)以下。

2. 微波 TV 发射机的基本结构

微波 TV 发射机系统的基本结构和模块布局如图 5-41 所示。

(1) 电源插座：接入 220VAC、50Hz 的市电。

(2) 电源开关：按下电源开关后，红色 LED 电源指示灯会点亮，表明电源已接通。

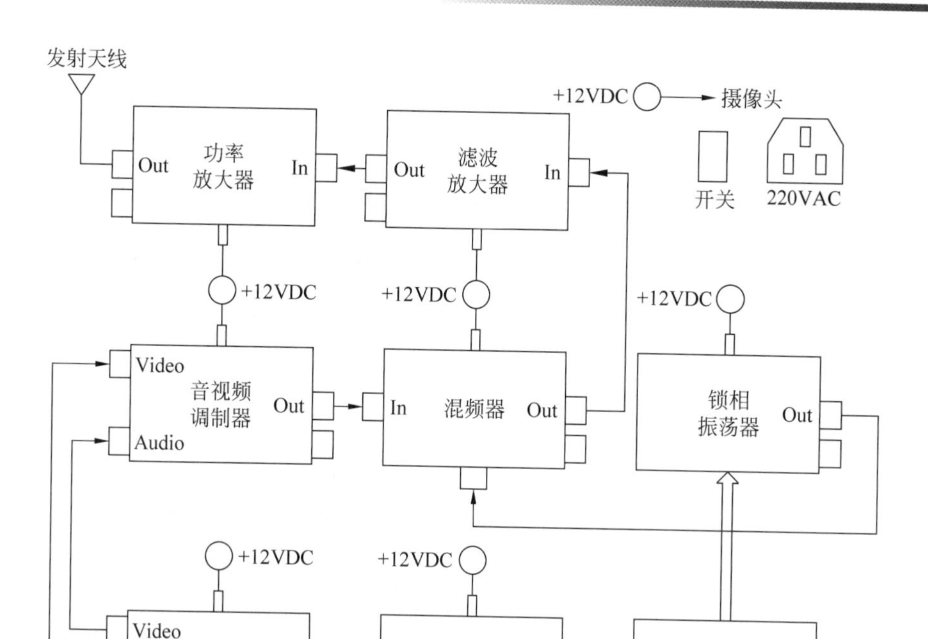

图 5-41　微波 TV 发射机系统的基本结构和模块布局

(3) 摄像头电源插头(+12VDC)：提供摄像头的工作电压。

(4) 调制器：对视频和音频信号进行调制，对视频信号进行幅度调制(AM)，对音频信号进行频率调制(FM)。调制器输出已调制载波的中心频率为 60MHz。

(5) 锁相振荡器：微波 TV 发射机系统的本振源，可以通过信道选择器进行频率设置，共有 6 个频点输出，输出频率与无线信道的中心频率相对应。

(6) 信道选择器：通过控制锁相振荡器的输出频率来选择发射信道，可以控制 6 个信道。

(7) 音视频驱动器：对输入的视频和音频信号进行补偿放大。

(8) 混频器(上变频)：将调制器输出的 60MHz 已调制中频载波变换为 900MHz 的已调制射频载波。

(9) 滤波放大器：将变频器输出的小信号进行选频和放大，作为功率放大器的驱动信号。

(10) 驱动放大器：如果滤波放大器的输出信号电平仍达不到要求，进行补偿放大。

(11) 功率放大器：进行微波信号的功率放大，放大后的微波信号由天线发射出去。

(12) 发射天线：将导行方式的射频信号转换为辐射形式的电磁波发射到无线空间。

3. 发射机的输出频谱测量

(1) 按照如图 5-42 所示的方式连接测试系统(频谱分析仪接到功率放大器的输出端)。

(2) 将信道选择器设置为 CH1。

(3) 用频谱分析仪观测并记录微波 TV 发射机系统的输出信号频谱图，频谱图记录到表 5-22 中。

摄像头　微波TV发射机系统　衰减器　频谱分析仪

图 5-42　发射机系统的调测

表 5-22　发射机系统的输出频谱图

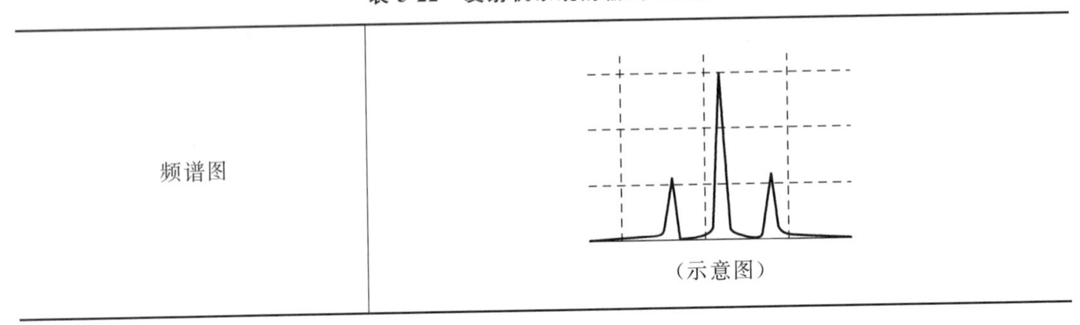

频谱图	（示意图）

(4) 测量并记录输出信号的主要频率分量和信号电平，测试数据记录到表 5-23 中。

(5) 将信道选择器分别设置为 CH2～CH6，测量并记录输出信号的主要频率分量和信号电平，测试数据记录到表 5-23 中。

表 5-23　发射机系统输出频谱的主要频率分量（10dB 衰减）

信道设置	主要频率分量和电平				
CH1	频率/MHz				
	电平/dBm				
CH2	频率/MHz				
	电平/dBm				
CH3	频率/MHz				
	电平/dBm				
CH4	频率/MHz				
	电平/dBm				
CH5	频率/MHz				
	电平/dBm				
CH6	频率/MHz				
	电平/dBm				

5.5.3　微波 TV 接收机系统调测

1. 微波 TV 接收机的基本结构

微波 TV 接收机系统的基本结构和模块布局如图 5-43 所示。

(1) 电源插座：接入 220V、50Hz 的交流电。

(2) 电源开关：按下电源开关后，红色 LED 电源指示灯会点亮，表明电源已接通。

(3) 电视机电源插头（+12VDC）：提供摄像头的工作电压。

(4) 接收天线：接收无线空间的电磁波信号，转换成导行方式的射频信号。

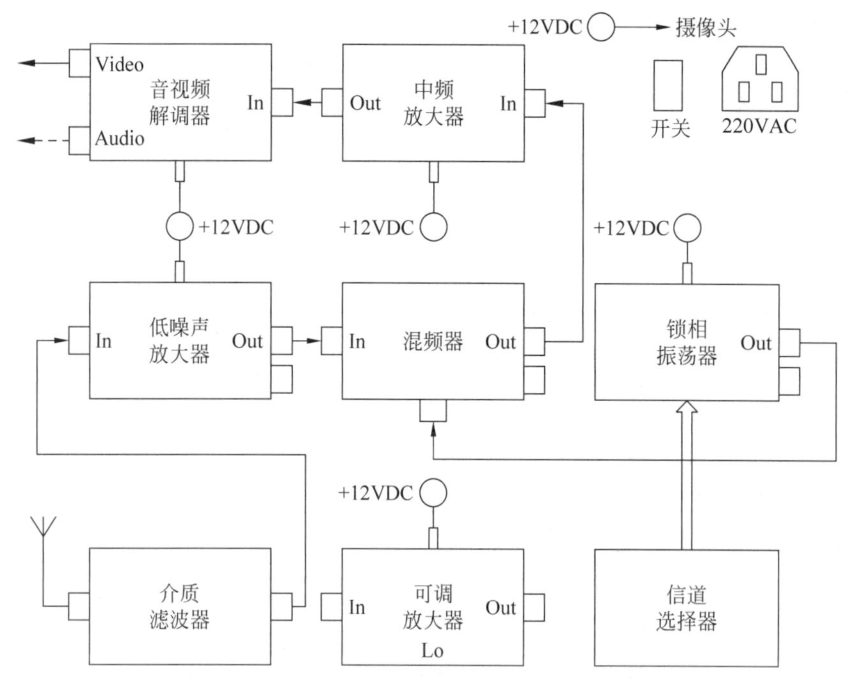

图 5-43 微波 TV 接收机系统的基本结构和模块布局

(5) 介质滤波器：对天线接收到的空间信号进行选频，抑制带外的干扰信号。

(6) 低噪声放大器：进行射频信号的低噪声放大，放大后的射频信号送给下变频器。

(7) 可调放大器：如果低噪声放大器的输出信号电平仍达不到要求，进行补偿放大。

(8) 锁相振荡器：微波 TV 接收机系统的本振源，可以通过信道选择器进行频率设置，共有 6 个频点输出，输出频率与无线信道的中心频率相对应。

(9) 信道选择器：通过控制锁相振荡器的输出频率来选择接收信道，可以控制 6 个信道。

(10) 混频器(下变频)：接收到的 900MHz 已调制射频载波变换为 38MHz 已调制中频载波。

(11) 解调器：对已调制中频载波进行解调，视频信号进行幅度检波，音频信号进行频率鉴频，还原出视频和音频信号，分别传输至电视机的显示器和扬声器。

2. 接收信道的单载波调测

(1) 按照如图 5-44 所示的方式连接测试系统。

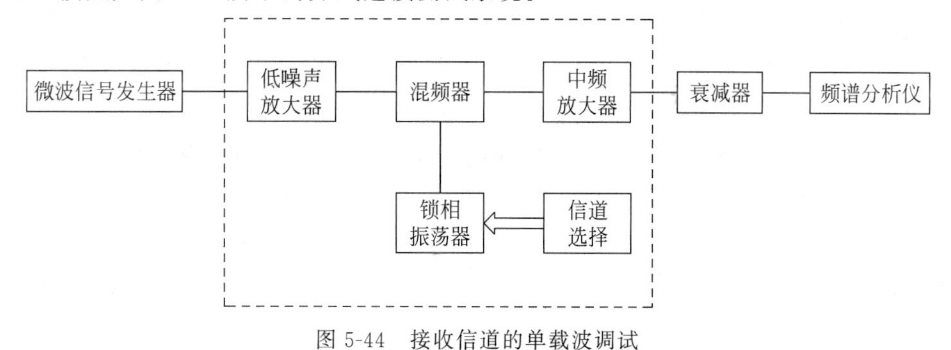

图 5-44 接收信道的单载波调试

(2) 将信道选择器设置为 CH1。根据接收机信道的中心频率,设置微波信号发生器输出指定频率和功率的单载波信号(如 900MHz、-40dBm)。

(3) 用频谱分析仪测量中频放大器的输出信号频率和电平,测试数据记录到表 5-24 中。

(4) 将信道选择器分别设置为 CH2~CH6,并根据相应的信道设置微波信号发生器的输出信号频率,重复以上测量,测试数据记录到表 5-24 中。

表 5-24 接收机的单载波调测(10dB 衰减)

信道设置	CH1	CH2	CH3	CH4	CH5	CH6
输入频率/MHz	900	892	884	876	868	860
输入电平/dBm						
输出频率/MHz						
输出电平/dBm						

3. 接收信号的频谱测量

(1) 按照如图 5-45 所示的方式连接测试系统(频谱分析仪接入解调器上靠近中频放大器处的接口,发射机和接收机距离 30cm 左右)。

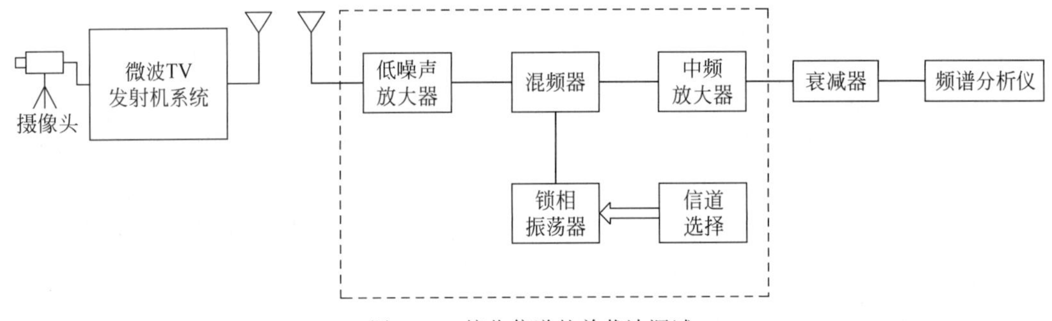

图 5-45 接收信道的单载波调试

(2) 将发射机和接收机的信道均设置为 CH1。用频谱分析仪观测中频放大器的输出信号频谱图,并与表 5-22 中 TV 发射机的输出频谱图进行对比。

(3) 将发射和接收信道分别设置为 CH2~CH6,观察频谱图、中心频率、电平的变化,具体实验时,可由操作者画出。

4. 接收机的灵敏度测量

(1) 按照如图 5-46 所示的方式连接测试系统(频谱分析仪与接收机使用相同型号的天线,并尽量靠近)。

(2) 将发射机和接收机的信道均设置为 CH1,观测电视机接收到的视频图像,保证接收到清晰图像。

(3) 移动发射机,增大发射机和接收机的距离,直到图像无法正常接收为止。

(4) 移动发射机,减小发射机和接收机的距离,直到刚刚接收到清晰图像为止(注意要保持频谱分析仪和接收机到发射机的距离相同)。

(5) 用频谱分析仪测量接收信号中电平最高的频率分量的功率电平,测试数据记录到表 5-25 中。

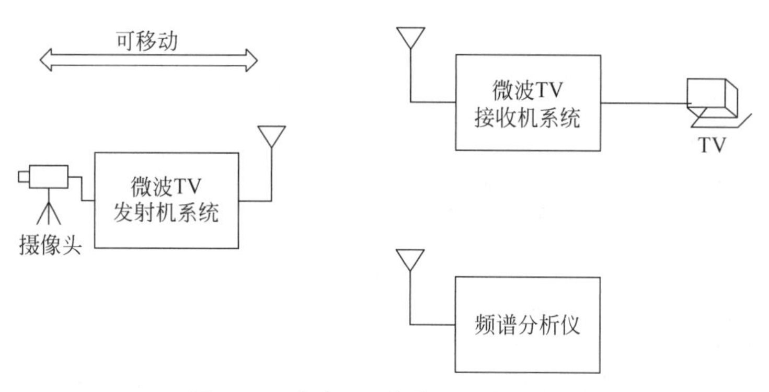

图 5-46　微波 TV 接收机系统的调测

(6) 将发射和接收信道分别设置为 CH2～CH6，重复以上测量，测试数据记录到表 5-25 中。

表 5-25　接收机的灵敏度测量

	CH1	CH2	CH3	CH4	CH5	CH6
接收灵敏度/dBm						

5.5.4　微波 TV 收发系统的干扰测量

在无线通信系统中，无线信道是一个开路环境，除了噪声的影响之外，不同系统或相同系统的不同发射机发射的无线信号也可能会互相干扰。而且干扰的影响往往比噪声的影响更大，噪声可能会造成通信质量的恶化，而干扰很可能会直接造成通信的中断。无线通信中的干扰主要包括同频干扰、邻频干扰和互调干扰。

1. 干扰原理

1) 同频干扰

同频干扰是指使用相同工作频率的发射机之间的干扰，同频干扰是无线通信系统中经常出现的一种干扰，也称为同信道干扰或同载频干扰。凡是能够进入接收机通带内的其他系统的发射机或本系统的其他发射机发射的载频信号都可能会成为接收机的同频干扰。

形成同频干扰的频率范围为($f_o-B_i/2,f_o+B_i/2$)，其中，f_o 为接收机工作载频的中心频率，B_i 为接收机中频滤波器的带宽。同频干扰的示意图如图 5-47 所示。

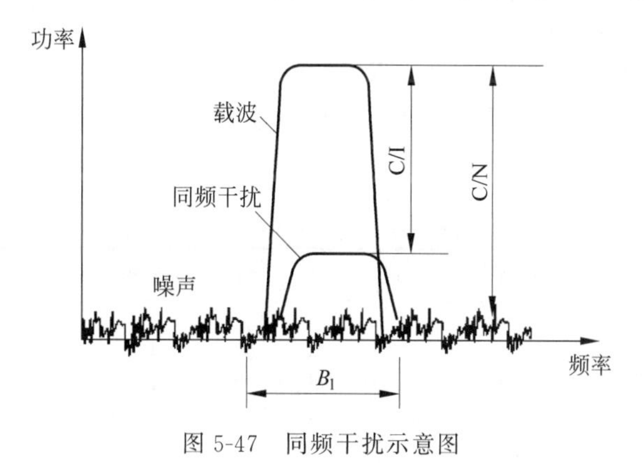

图 5-47　同频干扰示意图

2）邻频干扰

所谓邻频干扰(也称作邻道干扰)，指的是工作在邻近信道的发射机的发射信号落入了接收机的通带内造成的干扰。邻频干扰主要是由与接收机工作频带相邻的若干信道的发射机的寄生边带功率、宽带噪声、寄生辐射等产生的干扰。邻频干扰的一部分会落入被干扰接收机的通带内，这时接收机的选择性电路(滤波器)无法对它进行抑制。邻频干扰的抑制涉及发射机的噪声和寄生辐射、接收机的选择性及邻近频道的间隔等诸多因素。在研究无线通信系统的邻频干扰时，首先需要分析发射机的寄生信号，包括边带噪声和寄生辐射，然后确定接收机对邻频干扰的抑制能力。

发射机的边带噪声分布在发射信号载频的两侧，而且噪声的频谱很宽，可能在很宽的频率范围内对接收机产生干扰，这是邻频干扰的一个主要来源，必须严格控制发射机的边带噪声。一种无线发射机的边带噪声造成的邻频干扰如图 5-48 所示。

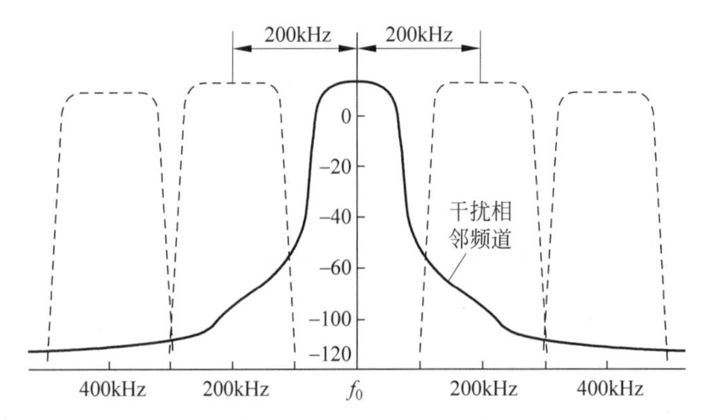

图 5-48　发射机边带噪声形成的邻频干扰

3）互调干扰

当两个或两个以上不同频率的信号通过同一个非线性电路时，将会发生互相调制，产生新的频率的信号输出，如果该频率正好落在了接收机的工作信道带宽内，就会构成对该接收机的干扰，称这种干扰为互调干扰或交调干扰。

2. 干扰测量

1）环境干扰的测量

(1) 按照如图 5-49 所示的方式连接测试系统(关闭实验室中所有微波 TV 发射机的电源)。

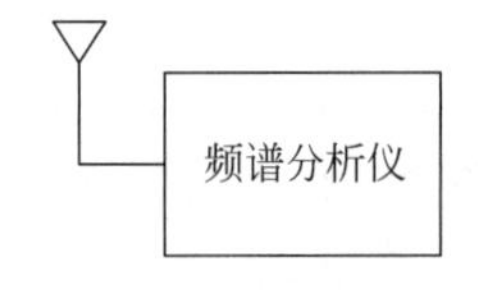

图 5-49　环境干扰测量

(2) 用频谱分析仪观测微波 TV 收发系统的工作频带(880±24)内的环境干扰，如果有干扰，记录干扰信号的频率范围和信号电平，确定受干扰的信道，测试数据记录到表 5-26 中。

表 5-26　环境干扰测量

干　　扰	频率范围/MHz	干扰信号电平/dBm	受干扰信道
干扰 1			
干扰 2			
干扰 3			

注：CH4 的频率范围正好与电信的 CDMA 信号互相干扰。

2）同频干扰的测量

（1）按照如图 5-50 所示的方式连接测试系统（关闭正常发射机和干扰发射机的电源）。

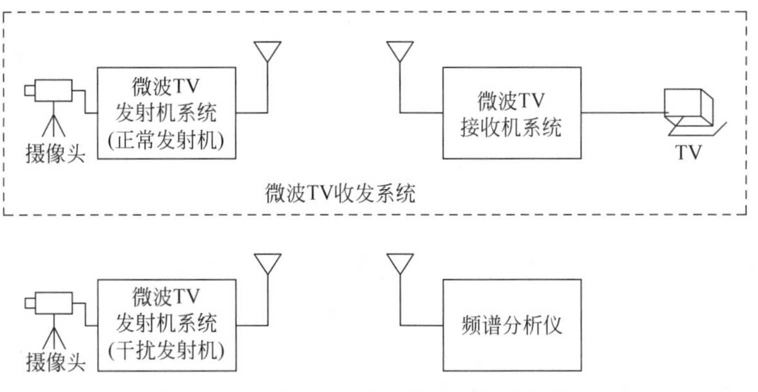

图 5-50　微波 TV 收发系统的同频干扰测量

（2）打开正常发射机电源，将发射信道设置为指定信道（应避开存在严重干扰的信道），调整正常发射机和接收机的距离，保证接收机接收到清晰图像。

（3）用频谱分析仪观测接收信号的频谱，测量接收信号中电平最高的频率分量的频率和电平，测试数据记录到表 5-27 中。

（4）打开干扰发射机电源，将发射信道设置为正常发射机的相同信道，此时接收机应当无法接收到清晰图像（必要时可以调整干扰发射机的位置，将干扰发射机靠近接收机）。用频谱分析仪观测接收信号的频谱变化，分析通信中断的原因。

（5）移动干扰发射机，使其逐渐远离接收机，直到接收机刚刚可以接收到清晰图像为止。

（6）关闭正常发射机电源，用频谱分析仪测量干扰信号中电平最高的频率分量的频率和电平，计算接收信号的载干比（C/I），测试数据记录到表 5-27 中，注意要保持干扰发射机与频谱分析仪和接收机的距离相同。

表 5-27　同频干扰测量

信道设置	中心频率/MHz	信号电平/dBm	载干比/dB
正常信号			
同频干扰			

3）邻频干扰的测量

（1）按照如图 5-50 所示的方式连接测试系统（关闭正常发射机和干扰发射机的电源）。

（2）打开正常发射机电源，将发射信道设置为指定信道（应避开环境干扰严重的信道），调整正常发射机和接收机的距离（适当远离），保证接收机能够接收到清晰图像。

（3）用频谱分析仪观测接收信号的频谱，测量接收信号中电平最高的频率分量的频率和电平，测试数据记录到表 5-28 中。

（4）打开干扰发射机电源，将发射信道设置为正常发射机的相邻信道，观测接收机的接收图像变化（正常、变差或中断）并分析原因（必要时可以将干扰发射机靠近接收机）。

（5）关闭正常发射机电源，用频谱分析仪观测干扰信号的频谱，测量邻频信号和辐射到正常信道的干扰信号中电平最高的频率分量的频率和电平，测试数据记录到表 5-28 中。

表 5-28 邻频干扰测量

信道设置	正常发射机	干扰发射机
	中心频率/MHz	信号电平/dBm
正常信号		
邻频信号		
干扰信号		

(6) 打开正常发射机电源,移动干扰发射机,使其逐渐远离接收机,用频谱分析仪观测干扰信号的频谱变化,同时观察接收机的接收图像,进行干扰分析。

5.6 天线的特性和测量

5.6.1 实验目的

(1) 了解天线发射和接收信号的基本工作原理。

(2) 认识和了解测量天线接收强度的基本装置。

(3) 了解天线的接收信号强度和接收天线与来波方向之间夹角的关系。

(4) 了解喇叭天线的方向图特性。

(5) 掌握天线方向图的测试方法。

5.6.2 天线工作原理

天线(Antenna)是一种变换器,它把传输线上传播的导行波,转换成在无界媒质(通常是自由空间)中传播的电磁波,或者进行相反的转换。天线方向特性测量实验,将通过控制接收天线和来波方向之间的夹角,记录接收天线接收信号的强度,掌握天线的接收强度和接收天线与来波方向之间夹角的关系。

天线方向图的测试在天线测试中占有极其重要的位置。早期人们采用手动法进行方向图测量,数据的采集、方向图的绘制以及参数的计算都是手工方式,操作复杂,工作量大,耗时长,精度低。随着电子技术和计算机技术的飞速发展,天线方向图自动测试逐渐取代了手动测量,实现了信号录取、数据处理以及方向图绘制的自动化,大大提高了测量速度和精度。

天线的重要参数如下。

1. 辐射效率 η_r

辐射效率 η_r 定义为

$$\eta_r = \frac{P_r}{P_{in}} \tag{5-21}$$

式中,P_r 为天线的辐射功率,单位为 W;P_{in} 为馈入天线的功率,即天线的输入功率,单位为 W。

2. 方向函数

(1) 场强方向函数。场强方向函数表示在以天线为中心,某一恒定半径的球面(处于远区)上,辐射场强特性的相对分布情况,用 $f(\theta,\varphi)$ 表示。

（2）归一化场强方向函数。场强方向函数也可用对其最大辐射方向的场强方向函数值的归一值来表示，此即为归一化场强方向函数。归一化场强方向函数反映场强振幅的相对分布情况。

$$F(\theta,\phi)=\frac{|\boldsymbol{E}(\theta,\varphi)|}{|\boldsymbol{E}|_{\max}}=\frac{f(\theta,\varphi)}{f_{\max}} \tag{5-22}$$

式中，$\boldsymbol{E}(\theta,\varphi)$为天线在$(\theta,\varphi)$方向上的辐射场强；$|\boldsymbol{E}|_{\max}$为天线辐射场模值的最大值，$f_{\max}$为场强方向函数的最大值。电场强度的模值和场强方向函数为最大的方向为天线的最大辐射方向。

（3）归一化功率方向函数

天线的方向性还可以用归一化功率方向函数表示，归一化功率方向函数表示在以天线为中心，某一恒定半径的球面（处于远区）上，辐射场平均功率密度（或辐射强度）的相对分布情况。它与归一化场强方向函数的关系为

$$P(\theta,\varphi)=\frac{|\boldsymbol{S}(\theta,\varphi)|}{|\boldsymbol{S}_{\max}|}=\frac{r^2\ |\boldsymbol{S}(\theta,\varphi)|}{r^2\ |\boldsymbol{S}_{\max}|}=\frac{U(\theta,\varphi)}{\boldsymbol{U}_{\max}}=\frac{|E(\theta,\varphi)|^2}{|E_{\max}|^2}=F^2(\theta,\varphi) \tag{5-23}$$

式中，$\boldsymbol{S}$为天线远区的坡印亭矢量（功率密度），$\boldsymbol{S}_{\max}$为天线在最大辐射方向上的坡印亭矢量（功率密度），U为天线的辐射强度，$U_{\max}$为天线在最大辐射方向上的辐射强度。

3. 辐射方向图

根据方向函数绘出的图形即为天线的方向图，它可以更直观地表示天线的方向性，如图5-51所示。天线的辐射作用分布于整个空间，因而天线的方向图是一个三维空间的分布图形。在三维空间绘制出来的方向图即为立体方向图，如图5-51所示。立体方向图可以非常形象和直观地表示天线的方向性，但绘制起来很复杂且很难精确地从图中读出某点的数值来。由于以上原因，一般只绘出两个互相垂直的典型平面内的方向图，用来联想场在空间分布的大致情况。这样的两个相互垂直的平面为主平面。因此，立体方向图可用几个平面内的图形来表征，这就是平面方向图，如图5-52和图5-53所示。

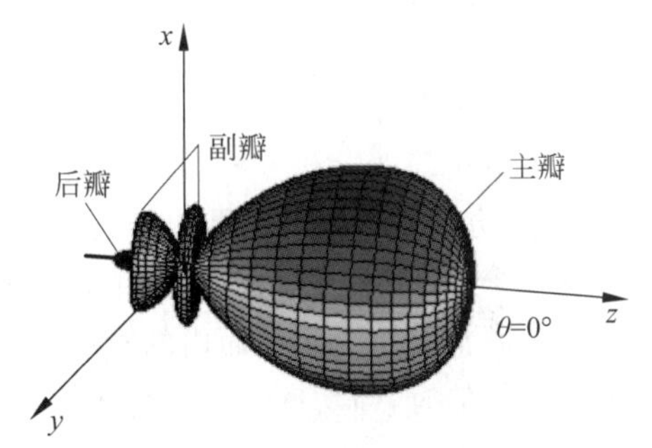

图5-51 立体方向图

常用以下几种方法来确定主平面。对于线式天线说来，主平面常用包含天线导线轴的平面及垂直于天线导线轴的平面。与地球相比拟，若以线天线导线轴为地球的轴线，前者同时包含有子午线，所以称为子午面，而后者称为赤道面。对于架设在地面上的天线，常采用以下两个主平面的方向图：（1）水平面方向图，是指仰角（射线与地面的夹角）为某常数时，场强随水平方位角变化的图形；（2）垂直面方向图，是指方位角为常数，场强随仰角变化的图形。对于超高频的线极化天线常用E面和H面。E面为最大辐射方向和电场所在的平面，H面为最大辐射方向和磁场所在的平面。

图5-52中的平面方向图为极坐标方向图，即方向图是在极坐标中绘制的。方向图曲线上的某点到坐标原点的距离反映了这一方向上的方向函数的值，坐标原点与该点连线的方向反映了该点所对应的空间方向。方向图也可在直角坐标中绘制成为直角坐标方向图，如图5-53所示。方向函数也可用分贝值表示，方向函数的分贝值为

$$P(\theta,\varphi)(\mathrm{dB})=10\lg P(\theta,\varphi)=20\lg F(\theta,\varphi) \quad (5\text{-}24)$$

将分贝方向函数绘成图即为分贝方向图。

点源（各向同性辐射体 isotropic radiator）为在所有的方向上都具有相同辐射的假想无耗天线。虽然点源是理想的且在物理上很难实现的，但它常被用作表示实际天线方向特性的参考天线。点源的立体方向图为一个球，是无方向性的。有方向性天线在不同的方向上辐射或接收电磁波的能力是不同的，其方向图是有方向性的，如图 5-51～图 5-53 所示。

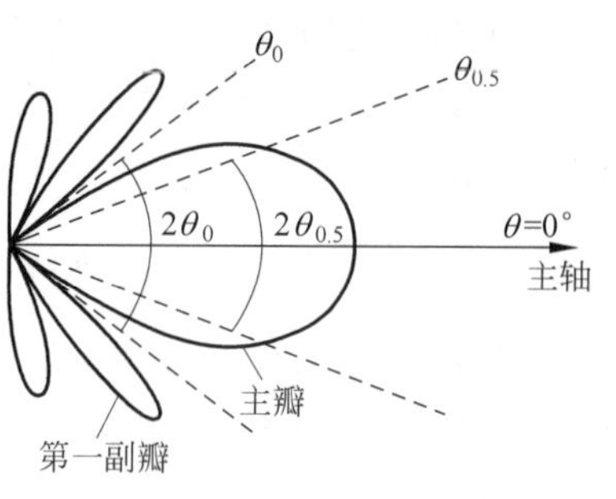

图 5-52　平面极坐标方向图

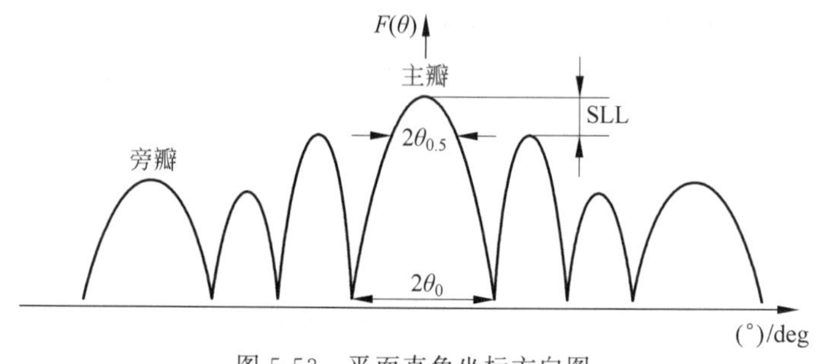

图 5-53　平面直角坐标方向图

对于有方向性的天线，其方向图可能包含有多个波瓣，它们分别被称为主瓣、副瓣和后瓣，如图 5-51 所示。由图中可以看出，主瓣为包含有最大辐射方向的波瓣。除主瓣外所有其他瓣都称为副瓣。主瓣正后方的瓣称为后瓣。

为了更精确地反映方向图的形状以及天线的方向性，定义了一些方向图参数。

1）半功率波瓣宽度和零功率波瓣宽度

主瓣集中了天线辐射功率的主要部分。主瓣的宽度对天线的方向性的强弱具有更直接的影响。通常用两个主平面内的宽度来表征。主瓣最大辐射方向两侧，场强下降为最大场强的 0.707 倍时，即功率密度为最大辐射方向上功率密度之半的两点间的夹角，称为半功率波瓣宽度，用 $2\theta_{0.5}$ 来表示。主瓣最大辐射方向两侧，第一个零辐射方向之间的夹角，称为零功率波瓣宽度用 $2\theta_0$ 来表示。此两参数为平面方向图的参数，常用 $2\theta_{0.5\mathrm{E}}$ 和 $2\theta_{0.5\mathrm{H}}$ 分别表示 E 面和 H 面方向图的半功率波瓣宽度，用 $2\theta_{0\mathrm{E}}$ 和 $2\theta_{0\mathrm{H}}$ 分别表示 E 面和 H 面方向图的零功率波瓣宽度。图 5-52 和图 5-53 为在极坐标和直角坐标系中的场强方向图，图中分别标出了它们的半功率和零功率波瓣宽度。

2）副瓣电平

副瓣代表天线在不需要的方向上的辐射或接收。一般来说，希望它们的幅度越小越好。通常将最大副瓣在其最大辐射方向上的功率密度与主瓣在最大辐射方向上的功率密度之比（或相应的场强平方之比）的对数值称为副瓣电平，表示为如下形式：

$$\mathrm{SLL}=10\lg\frac{S_1}{S_0}=20\lg\frac{|E_1|}{|E_0|}(\mathrm{dB}) \tag{5-25}$$

式中，SLL 为 side lobe level 的缩写，1 代表副瓣最大值方向，0 代表主瓣最大值方向。

3）前后比

天线在它的正前方与正后方的辐射强度之比为“前后比”，或“反向防护度”（或简称“防护度”，通常均以分贝值表示）。

4. 方向性系数

方向性系数通常是指天线在最大辐射方向上的方向性系数。设被研究天线和作为参考的无方向性点源天线的辐射功率分别为 P_r 和 P_{r0}，则被研究天线的方向性系数 D 定义为“当辐射功率 $P_r=P_{r0}$ 时，被研究天线在其最大辐射方向上产生的辐射功率密度（或辐射场模值的平方值，或辐射强度），与无方向性天线（点源）在该处产生的功率密度（或辐射场模值的平方值，或辐射强度）之比”。设被研究天线在它的最大辐射方向上产生的辐射功率密度、场强和辐射强度分别为 S_{max}、$\boldsymbol{E}_{max}$ 和 U_{max}，无方向性点源天线对应的值为 S_0、$\boldsymbol{E}_0$ 和 U_0，则被研究天线的方向性系数为

$$D=D_{max}=\left.\frac{S_{max}}{S_0}\right|_{P_r=P_{r0}}=\left.\frac{|\boldsymbol{E}|^2_{max}}{|\boldsymbol{E}_0|^2}\right|_{P_r=P_{r0}}=\left.\frac{U_{max}}{U_0}\right|_{P_r=P_{r0}}=\frac{4\pi U_{max}}{P_r} \tag{5-26}$$

被研究的天线为有方向性天线，当辐射功率相同时，其在最大辐射方向所产生的功率密度应比点源所产生的功率密度大，因此有方向性天线的方向系数大于1，点源的方向系数为1。天线的方向性是由电磁能量空间辐射的不均匀引起的，天线的方向性越强，辐射就越集中，在天线的最大辐射方向上，所辐射的场强比无方向性天线辐射得更强。反之，若要求在同一点辐射的场强相同，则强方向性天线所需要的辐射功率比无方向性天线的要小。因而，天线的方向性系数也可定义为当同一接收点（通常为被研究天线的最大辐射方向）处的辐射功率密度或场强相同时，参考天线（点源）与被研究天线的辐射功率之比。即

$$D=D_{max}=\left.\frac{P_{r0}}{P_r}\right|_{|\boldsymbol{E}_{max}|=|\boldsymbol{E}_0|} \tag{5-27}$$

式(5-26)和式(5-27)是方向性系数的两种不同定义的表达式。两种定义的方式虽然不同，但最后所得的方向性系数的值却是相同的。

5. 增益系数

设被研究天线和作为参考的无方向性点源天线的输入功率分别为 P_{in} 和 P_{in0}，则被研究天线的增益系数 G 的定义为当输入功率 $P_{in}=P_{in0}$ 时，被研究天线在它的最大辐射方向上产生的辐射功率密度（或辐射场模值的平方值或辐射强度）与无方向性天线在该处产生的功率密度（或辐射场模值的平方值或辐射强度）之比。设被研究天线在其最大辐射方向上产生的辐射功率密度、场强和辐射强度分别为 S_{max}、$\boldsymbol{E}_{max}$ 和 U_{max}，无方向性天线对应的值为 S_0、$\boldsymbol{E}_0$ 和 U_0，则被研究天线的增益系数为

$$G=G_{max}=\left.\frac{S_{max}}{S_0}\right|_{P_{in}=P_{in0}}=\left.\frac{|\boldsymbol{E}|^2_{max}}{|\boldsymbol{E}_0|^2}\right|_{P_{in}=P_{in0}}=\left.\frac{U_{max}}{U_0}\right|_{P_{in}=P_{in0}}=\frac{U_{max}}{\dfrac{P_{in}}{4\pi}}=\frac{4\pi U_{max}}{P_{in}} \tag{5-28}$$

增益系数也可定义为：当被研究天线在其最大辐射方向和无方向性点源天线在同一点产生的场强相同时，无方向点源天线的输入功率和被研究天线的输入功率之比。即

$$G=G_{max}=\left.\frac{P_{in0}}{P_{in}}\right|_{|\boldsymbol{E}|_{max}=|\boldsymbol{E}_0|} \tag{5-29}$$

增益也经常用分贝表示为 $G(\mathrm{dB})=10\lg G$。

由方向性系数和增益系数的定义可以看出，这两个系数非常相似，只是一个考虑的是辐射功率而另一个考虑的是输入功率。

增益系数和方向性系数之间的关系为

$$G=\left.\frac{P_{\text{in}0}}{P_{\text{in}}}\right|_{|\boldsymbol{E}|_{\max}=|\boldsymbol{E}_0|}=\left.\frac{P_{\text{r}0}}{P_{\text{r}}}\right|_{|\boldsymbol{E}|_{\max}=|\boldsymbol{E}_0|}\eta_{\text{A}}=D\eta_{\text{A}} \tag{5-30}$$

6. 天线输入阻抗 Z_{in}

天线输入阻抗的定义为

$$Z_{\text{in}}=\frac{U}{I} \tag{5-31}$$

式中,U 为在天线输入端的射频电压;I 为在天线输入端的射频电流。

5.6.3 天线方向图的测试内容与步骤

1. 测量方法

(1) 固定天线法:被测天线不动,以它为圆心在等圆周上测得场强的方式。

(2) 旋转天线法:标准天线不动为发射天线,待测天线为接收天线,待测天线自身自旋一周所测得的方向图。演示实验采用的是旋转天线法。

2. 测量步骤

旋转天线法:待测天线和发射天线的最大辐射方向对准,且均在方位面内,待测天线在方位面内每旋转一个角度(大约 1°)记录下来一个数值(检波器或小功率计指示),改变一周即得到 360°范围内的方向图。

方向图的自动测量与手动测量原理相同,不同的是利用电子和计算机技术,实现了数据采集、处理和方向图绘制的自动化。图 5-54 是实验中天线方向图自动测试的实验配置。

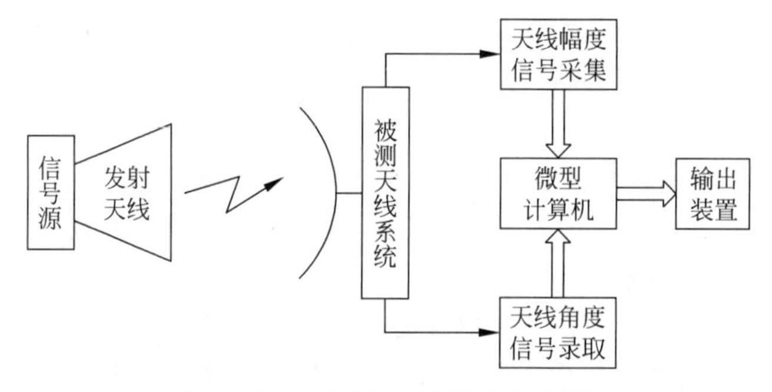

图 5-54 方向图自动测试实验配置

方向图的自动测量属于动态测量,测量时被测天线连续转动,并接收信号源通过喇叭天线发射的微波信号。接收信号送入天线幅度信号采集电路,经变换放大及 A/D 转换后送给微机。天线转动的同时,天线角度信号采集装置将天线位置转换成角度数字信号送给微机。从而可以得到测量范围内每一位置的幅度信号电平,根据这组数据,微机就可以进行数据处理并由输出装置输出计算结果。

注意:严格的测量应在微波暗室中进行,这样可以大大消除反射波影响。不具备暗室条件,测量存在误差,但在微波波段,因其传播方向性较强,而且房屋墙壁吸收较强,地面影响也可略去,这样在普通实验室内进行的方向图测量偏差也不是很大。

本实验主要在水平面内进行测试即测得方位方向图。

5.6.4　方向图测试实验数据

微波天线方向图测试报告

测试日期：________

测试人：________

测试内容：________

微波天线方向图的绘制如图5-55所示。

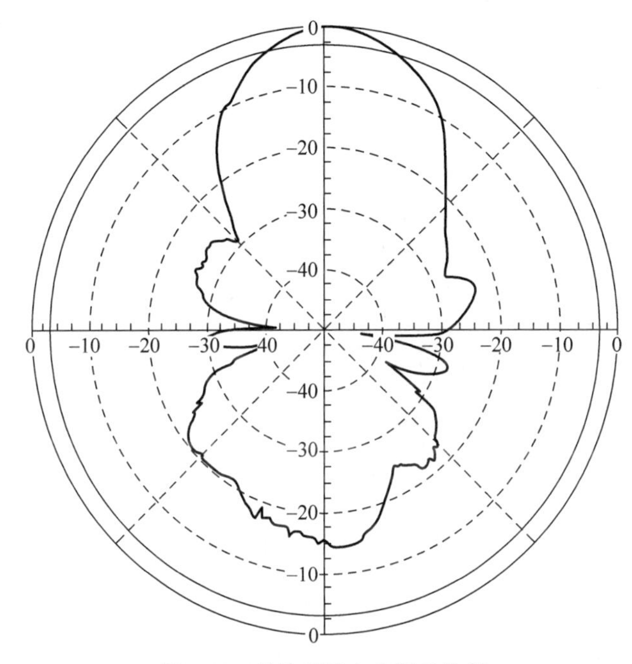

图5-55　微波天线方向图的绘制

根据测试数据填写表5-29,或直接导出测试数据表格。

表5-29　测试数据

角度/(°)	幅度	角度/(°)	幅度	角度/(°)	幅度
0		…		…	
1		…		…	
2		…		…	
3		…		…	
4		…		…	
5		…		…	
6		…		…	
7		…		…	
…		…		…	
…		…		359	

然后计算半功率波瓣宽度、零功率波瓣宽度,并记录。

5.7 简易无线数字调制通信系统的设计和实现

5.7.1 实验目的

（1）了解数字调制技术的一般原理，熟悉数字信号的基本调制方式，掌握2ASK、2FSK、2PSK的调制解调工作原理。

（2）掌握数字调制、解调电路系统的设计。

（3）将调制解调技术应用于数字信号的无线传输，初步掌握无线发射、接收系统的设计。

5.7.2 实验内容

设计并实现一个简易的无线数字调制通信系统。

5.7.3 实验设备

（1）直流稳压电源。

（2）示波器。

（3）高频信号发生器等其他必要设备。

（4）单片计算机实验电路装置。

注：允许使用实验室提供的单片机主板之外的智能控制部件，比如FPGA开发装置或自制电路，其他单片机、嵌入式系统的开发装置或自制电路。实验的各项其他要求不变。

5.7.4 实验原理

用高频传输模拟信号，是在载波上附加带有信息的模拟信号，可通过调制载波幅度、载波相位或载波频率来完成。数字通信系统中的调制作用基本上同模拟信号。从广义的观点来看，数字通信的调制是把二进制的数字序列相应地变换为离散的载波振幅集合、离散的载波相位集合和相对于载波频率的离散频偏的集合。因此调制器的输出是一个带通信号，它可表示为

$$s(t)=\mathrm{Re}\mid \mu(t)\mathrm{e}^{\mathrm{j}\omega_{\mathrm{c}}t}\mid \tag{5-32}$$

式中，ω_{c}为载波角频率，$\mu(t)$为荷载信息的等效低通信号波形。

将二进制序列变换为离散的振幅集合、离散的载波相位集合和相对于载波频率的离散频偏的集合所用的方法决定了信号波形$\mu(t)$的形状。反过来讲，信号波形形状的设计也就决定了各种调制技术。

就数字调制技术分类来讲，可分为数字调幅、数字调频和数字调相三种基本调制方式。在这三种调制方式中，它们的载波振幅、频率和相位分别受载荷信息的基带数字信号调制，从而把经过调制的信号传输出去。

就数字调制技术方法来讲，可分为两种类型，一是利用模拟调制方法去实现数字调制，即把数字基带信号看作模拟信号的特例；二是利用数字信号的离散取值特点去键控载波，从而实现数字调制。后者常称为“键控法”，可分别对载波的幅度、载波的频率和载波的相位

进行键控，于是便得到3种相应的调制方式，即幅移键控(ASK)、频移键控(FSK)和相移键控(PSK)。

无线数字调制技术是将基带数字信号频谱搬迁到较高的频带上去，变成适于无线传输信道的带通信号，然后通过发射天线向空间发射电磁波能量信号。在接收端又需通过接收天线和调谐电路捕获空间电磁波信号，该信号是带通信号，将其进行解调为基带数字信号，再经检测还原成信息。

5.7.5 设计要求

要求设计的目标系统如图5-56所示。

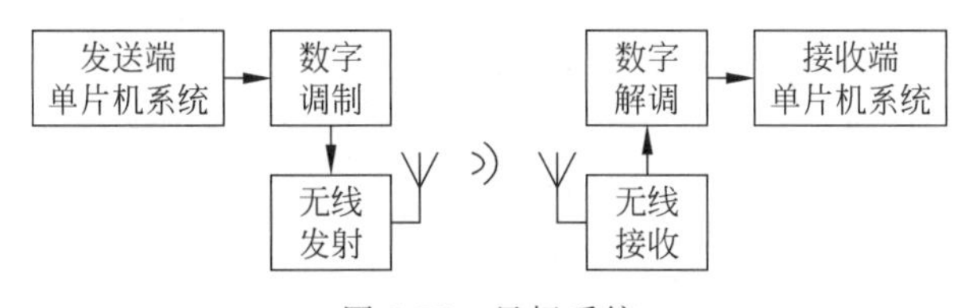

图5-56　目标系统

(1) 发送端单片机系统：产生可供调制和无线传送的数字基带信号，可以是伪随机序列，也可以是其他形式的数字信息。

(2) 接收端单片机系统：恢复出数字信息，并加以显示或输出。

(3) 数字调制和解调：调制方式、解调方式、信息速率可自行选择，可以采用异步数字通信方式。

(4) 无线发射和接收：有效传输距离应大于5m，可适当扩展，发射功率不限定。

(5) 允许使用模块化的无线数字调制/解调部件。

附　　录

附录 1　无线电频段划分

波段名称	波长范围/m	频率范围/kHz
超长波	$10^4 \sim 10^5$	$3 \sim 30$
长波	$10^3 \sim 10^4$	$30 \sim 300$
中波	$10^2 \sim 10^3$	$300 \sim 3\times10^3$
短波	$10 \sim 10^2$	$3\times10^3 \sim 3\times10^4$
米波	$1 \sim 10$	$3\times10^4 \sim 3\times10^5$
分米波	$10^{-1} \sim 1$	$3\times10^5 \sim 3\times10^6$
厘米波	$10^{-2} \sim 10^{-1}$	$3\times10^6 \sim 3\times10^7$
毫米波	$10^{-3} \sim 10^{-2}$	$3\times10^7 \sim 3\times10^8$
亚毫米波	$10^{-4} \sim 10^{-3}$	$3\times10^8 \sim 3\times10^9$
远红外线	$10^{-5} \sim 10^{-4}$	$3\times10^9 \sim 3\times10^{10}$

附录 2　常用导体材料的参数

材　　料	电导率 σ/(S/m)	磁导率 μ/(H/m)	趋肤深度 δ/m
银	6.17×10^7	$4\pi\times10^{-7}$	$0.0641/\sqrt{f}$
紫铜	5.80×10^7	$4\pi\times10^{-7}$	$0.0661/\sqrt{f}$
金	4.10×10^7	$4\pi\times10^{-7}$	$0.0786/\sqrt{f}$
铝	3.82×10^7	$4\pi\times10^{-7}$	$0.0814/\sqrt{f}$
黄铜	1.50×10^7	$4\pi\times10^{-7}$	$0.1270/\sqrt{f}$
焊锡	0.706×10^7	$4\pi\times10^{-7}$	$0.1890/\sqrt{f}$

附录 3　常用介质材料的参数

材　　料	相对介电常数 ε_r(10GHz)	损耗角正切 $\tan\delta_e\times10^{-4}$(10GHz)
空气	1.0005	≈ 0
聚四氟乙烯	2.1	4
聚乙烯	2.3	5
聚苯乙烯	2.6	7
有机玻璃	2.72	15
氧化铍	6.4	2

续表

材　料	相对介电常数 ε_r(10GHz)	损耗角正切 $\tan\delta_e \times 10^{-4}$(10GHz)
石英	3.3	1
氧化铝(99.5%)	9.5～10	1
氧化铝(96%)	8.9	6
氧化铝(85%)	8.0	15
蓝宝石	9.3～11.7	1
硅	11.9	40
砷化镓	13	60
石榴石铁氧体	13～16	2
二氧化钛	85	40
金红石	100	4

附录4　常用物理常数

物　理　量	符　号	量　值
电子电荷	e	$(1.6021772 \pm 0.0000046) \times 10^{-19}$ C
电子质量	m	$(9.109534 \pm 0.000047) \times 10^{-31}$ kg
真空介电常数	ε_0	$(8.854187818 \pm 0.000000071) \times 10^{-12}$ F/m
真空磁导率	μ_0	$4\pi \times 10^{-7}$ H/m
真空光速	c	$(2.997924574 \pm 0.000000011) \times 10^{8}$ m/s
折射率	n	
有效折射率	n_{eff}	

参考文献

[1] 赵同刚，李莉，张洪欣．电磁场与微波技术测量及仿真[M]．北京：清华大学出版社，2014．

[2] 张洪欣，沈远茂．电磁场与电磁波[M]．4 版．北京：清华大学出版社，2024．

[3] 李莉．天线与电波传播[M]．北京：科学出版社，2009．

[4] 王新稳，李萍．微波技术基础[M]．北京：电子工业出版社，2006．

[5] 刘学观，郭辉萍．微波技术与天线[M]．西安：西安电子科技大学出版社，2001．

[6] 闫润卿，李英惠．微波技术基础[M]．北京：北京理工大学出版社，2003．

[7] David M. Pozar．微波工程[M]．3 版．北京：电子工业出版社，2006．